国家海洋创新评估系列报告
Guojia Haiyang Chuangxin Pinggu Xilie Baogao

国家海洋创新指数报告
2015

国家海洋局第一海洋研究所　编

海洋出版社
2016年·北京

图书在版编目(CIP)数据

国家海洋创新指数报告. 2015 / 国家海洋局第一海洋研究所编. — 北京 : 海洋出版社, 2016.8
ISBN 978-7-5027-9575-7

Ⅰ. ①国… Ⅱ. ①国… Ⅲ. ①海洋经济－技术革新－研究报告－中国－2015 Ⅳ. ①P74

中国版本图书馆CIP数据核字(2016)第215779号

责任编辑：苏 勤 鹿 源
责任印制：赵麟苏

海洋出版社 出版发行
http://www.oceanpress.com.cn
北京市海淀区大慧寺路 8 号 邮编：100081
北京朝阳印刷厂有限责任公司印刷 新华书店北京发行所经销
2016年12月第1版 2016年12月第1次印刷
开本：889mm × 1194mm 1 / 16 印张：13.5
字数：350千字 定价：110.00元
发行部：62132549 邮购部：68038093 总编室：62114335

国家海洋创新指数报告
2015

序

创新是引领发展的第一动力。习近平总书记多次提出“创新、协调、绿色、开放、共享”五大发展理念，且首项就提及“创新”，展示了中国发展的大趋势，标注了中国全面深化改革的着力方向。2016年5月中旬，中共中央、国务院印发了《国家创新驱动发展战略纲要》，以高效率的创新体系支撑高水平的创新型国家建设。2016年5月30日，习近平总书记在全国科技创新大会上指出，创新始终是一个国家、一个民族发展的重要力量，也始终是推动人类社会进步的重要力量。十八届五中全会报告指出，“必须把创新摆在国家发展全局的核心位置，不断推进理论创新、制度创新、科技创新、文化创新等各方面创新，让创新贯穿党和国家一切工作，让创新在全社会蔚然成风”。《推动共建丝绸之路经济带和21世纪海上丝绸之路的愿景与行动》提出了“创新开放型经济体制机制，加大科技创新力度，形成参与和引领国际合作竞争新优势，成为‘一带一路’特别是21世纪海上丝绸之路建设的排头兵和主力军”的发展思路。

海洋创新是国家创新的重要组成部分，也是实现海洋强国战略的动力源泉。《国家“十二五”海洋科学和技术发展规划纲要》明确提出“十二五”期间海洋科技发展的总体目标包括“自主创新能力明显增强”，“沿海区域科技创新能力显著提升，海洋科技创新体系更加完善，海洋科技对海洋经济的贡献率达到60%以上，基本形成海洋科技创新驱动海洋经济和海洋事业可持续发展的能力”。《海洋科技创新总体规划》战略研究首次工作会上提出要“围绕‘总体’和‘创新’做好海洋战略研究”，“认清创新路径和方式，评估好‘家底’”。

为响应国家海洋创新战略，服务国家创新体系建设，国家海洋局第一海洋研究所自2006年着手开展海洋创新指标的测算工作，并于2013年启动国家海洋创新指数的研究工作。在国家海洋局领导和专家学者的帮助支持下，国家海洋创新指数评估系列报告第一期（《国家海洋创新指数试评估报告2013》）于2014年8月成稿并报送国家海洋局主管部门，经过多次专家评审于2015年正式出版。国家海洋创新指数评估系列报告第二期（《国家海洋创新指数试评估报告2014》）于2015年9月成稿并报送国家海洋局主管部门，经过多次专家评审于2015年12月出版。《国家海洋创新指数报告2015》是该系列报告的第三期。

在参考国内外科技统计指标研究的基础上，《国家海洋创新指数报告2015》沿用此前系列报告中关于国家海洋创新指数的评价方法，基于海洋经济统计、科技统计和科技成果登记等数据，从海洋创新资源、海洋知识创造、海洋企业创新、海洋创新绩效、海洋创新环境五个方面构建国家海洋创新指数的指标体系，定量测算2001—2014年我国国家海洋创新指数，客观评估我国国家海洋创新能力和区域海洋创新能力，并对国际海洋科技研究态势、我国企业海洋创新能力、我国城市海洋科技力量布局、海洋国家实验室、我国海洋经济创新发展区域示范进行专题分析，切实反映我国海洋创新的质量和效率。

《国家海洋创新指数报告2015》受国家海洋局科学技术司委托，由国家海洋局第一海洋研究所海洋政策研究中心具体组织编写，中国科学院兰州文献情报中心参与编写了海洋论文、专利和国际海洋科技研究态势专题分析等部分，青岛海洋科学与技术国家实验室参与编写了海洋国家实验室专题分析部分，国家海洋局科学技术司提供了我国海洋经济创新发展区域示范专题相关内容。科技部创新发展司、教育部科学技术司、国家海洋信息中心、华中科技大学管理学院等单位和部门提供了数据支持。在此对国家海洋局科学技术司以及参与编写和提供数据的单位及个人，一并表示感谢。

希望国家海洋创新指数评估系列报告能够成为全社会认识和了解我国海洋创新发展的窗口，见证我国创新型海洋强国建设这一伟大历史进程。本报告是国家海洋创新指数评估研究的阶段性成果，不足之处在所难免，敬请各位同仁批评指正，编写组会汲取各方面专家学者的宝贵意见，不断完善国家海洋创新指数评估系列报告。相关意见请反馈至mpc@fio.org.cn。

国家海洋局第一海洋研究所
2016年8月

目　录

一、绪 言

2012年，党的十八大将建设“海洋强国”的战略目标正式纳入国家大战略中。“海洋强国”目标是中华民族伟大复兴“中国梦”的重要组成部分，海洋创新是“海洋强国”进程中必不可少的重要环节。“十三五”是海洋科技实现战略性突破的关键时期，海洋经济发展对海洋创新的需求将越来越强。

《国家海洋创新指数报告2015》客观分析了我国海洋创新现状与发展趋势，构建了我国国家海洋创新指数，定量评估了国家和区域海洋创新能力，并对我国海洋创新能力进行了评价与展望，对国际海洋科技研究态势等海洋创新关键问题进行了专题分析。具体分为以下十个部分。

一、绪言。全面阐述海洋创新的重要意义，并对《国家海洋创新指数报告2015》的内容进行了总体介绍。

二、从数据看我国海洋创新。从海洋创新人力资源、海洋创新国家级平台、海洋创新经费规模、海洋创新产出成果、高等学校海洋创新活动、海洋创新知识服务业六方面的主要指标入手，对我国海洋创新的发展现状进行了全面分析。

三、国家海洋创新指数评估分析。对2001—2014年我国国家海洋创新指数进行了定量评估，结果表明：我国国家海洋创新指数显著上升，年均增速为21.91%。其中，海洋创新资源分指数持续上升，年均增速为7.60%；海洋知识创造分指数增长强劲，年均增速为21.82%，与国家海洋创新指数年均增速一致；海洋企业创新分指数迅速增长，年均增速达到66.75%，在5个分指数中增长态势最为迅猛；海洋创新绩效分指数上升趋势在5个分指数中较慢，年均增速为4.62%；海洋创新环境分指数保持上升趋势，年均增速为11.66%。

四、区域海洋创新指数评估分析。对2014年我国区域海洋创新指数进行了定量评估，结果表明：从我国沿海省（市）来看，上海的区域海洋创新指数得分最高，山东、广东和天津紧随其后；从五大经济区来看，珠江三角洲经济区的区域海洋创新指数得分最高，其后依次为长江三角洲经济区、环渤海经济区、海峡西岸经济区和环北部湾经济区；从三大海洋经济圈来看，我国海洋经济圈呈现北部、东部强而南部较弱的特点。

五、我国海洋创新能力的进步与展望。基于以上评估结果，对我国海洋创新能力和发展现状进行了综合评价，并对未来我国海洋创新的发展进行了展望。

六、国际海洋科技研究态势专题分析。从国际海洋研究计划与规划以及研究热点方向两个方面对2015年国际海洋科技研究态势进行总结和分析。

七、我国企业海洋创新能力专题分析。从涉海企业创新人力资源、涉海企业创新经费投入、涉海企业创新产出成果三个方面的主要指标入手，对我国涉海企业创新能力发展现状进行了评估。

八、我国城市海洋科技力量布局专题分析。以涉海城市为基本研究单元，以海洋科技力量为研究对象，构建了海洋科技梯度测度公式，测算了全国涉海城市海洋科技梯度，并深入分析了我国海洋科技力量的总体布局、发展趋势和梯度规律。

九、海洋国家实验室专题分析。回顾了海洋国家实验室的筹建与运行情况和2015年的科研进展，对其创新发展现状进行了分析。

十、我国海洋经济创新发展区域示范专题分析。总结了2014年我国海洋经济创新发展区域示范实施情况，对海洋经济创新发展区域示范的建设效应进行了分析。

二、从数据看我国海洋创新

随着《国家“十二五”海洋科学和技术发展规划纲要》的全面实施和《国家海洋科技创新总体规划（2016—2030年）》编制工作的启动，我国海洋科技创新发展不断取得新的巨大成就，自主创新能力大幅提升，科技竞争力和整体实力显著增强，部分领域达到国际先进水平，获国家奖励的科技成果、论文和专利数量明显提高，海洋创新条件和环境明显改善。

本报告选取海洋创新人力资源、海洋创新国家级平台、海洋创新经费规模、海洋创新产出成果、高等学校海洋创新活动和海洋创新知识服务业六方面的主要指标，分析我国海洋创新的发展现状。

海洋创新人力资源持续优化。海洋科研机构的科技活动人员结构持续改进，R&D（Research and Development，研究与发展）人员总量、折合全时工作量稳步上升，R&D人员学历结构进一步优化，R&D人员折合全时工作量构成合理。

海洋创新国家级平台逐步增加。海洋科研机构的国家（重点/工程）实验室和国家工程（研究/技术研究）中心数量显著增加，海洋科研机构的基本建设与固定资产逐年增加。

海洋创新经费规模显著提升。海洋科研机构的R&D经费规模显著提升，R&D经费内部支出稳定增长。

海洋创新产出成果稳步增长。海洋科研机构的海洋科技论文总量保持增长，海洋领域SCI论文发表数量大幅增长，被引用情况明显改善，海洋科技著作出版种类明显增长，专利申请量、授权量涨势强劲，发明专利所有权转让许可收入逐步提高。

高等学校海洋创新发展良好。涉海高等学校的人员、经费、课题等方面均呈现逐年增长的态势。

海洋科技对海洋经济发展贡献稳步增强。2014年海洋科技进步贡献率达到63.7%[①]，海洋科技成果转化率达到49.8%[②]，海洋科技创新促进成果转化的作用日益彰显。

① 2014年海洋科技进步贡献率是根据2006—2014年相关数据测算的平均值。

② 2014年海洋科技成果转化率是根据2000—2014年相关数据测算所得。

（一）海洋创新人力资源结构稳定

海洋创新人力资源是建设海洋强国和创新型国家的主导力量和战略资源，海洋创新科研人员的综合素质决定了国家海洋创新能力提升的速度和强度。海洋科研机构的科技活动人员和R&D人员是重要的海洋创新人力资源，突出反映了一个国家海洋创新人才资源的储备状况。其中，科技活动人员是指海洋科研机构中从事科技活动的人员，包括科技管理人员、课题活动人员和科技服务人员；R&D人员是指海洋科研机构本单位人员和外聘研究人员以及在读研究生中参加R&D课题的人员、R&D课题管理人员和为R&D活动提供直接服务的人员。

1. 科技活动人员结构持续优化

从人员组成上看，2011—2014年，我国海洋科研机构课题活动人员（即编制在研究室或课题组的人员）在科技活动人员中占比保持在66.54%～70.89%，2014年略有下降；而科技管理人员（即机构领导及业务、人事管理人员）和科技服务人员（即直接为科技工作服务的各类人员）则均在15%以下，2014年相对较高（见图2-1）。从人员学历结构上看，近4年来，我国海洋科研机构科技活动人员中博士、硕士毕业生占比总体呈增长态势，2014年博士、硕士毕业生分别占科技活动人员总量的23.15%和31.03%，均比2013年有所提升（见图2-2）。从人员职称结构上看，近4年来，我国海洋科研机构科技活动人员中高级、中级职称人员占比保持在初级职称人员占比的2倍左右，2014年高级、中级职称人员分别占科技活动人员总量的37.07%和31.11%（见图2-3）。

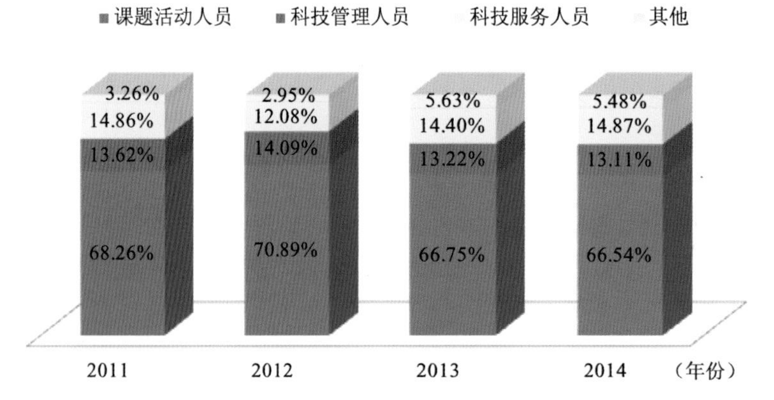

图2-1 2011—2014年海洋科研机构科技活动人员构成

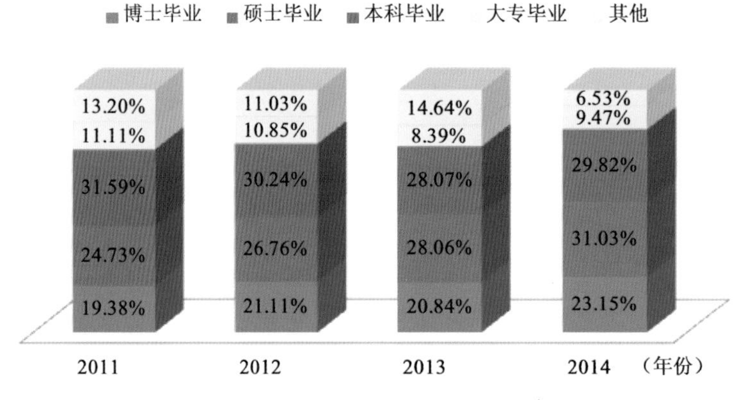

图2-2 2011—2014年海洋科研机构科技活动人员学历结构

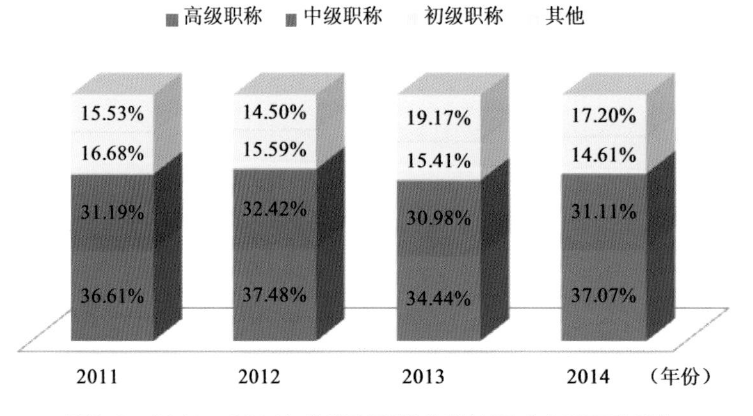

图2-3 2011—2014年海洋科研机构科技活动人员职称结构

2. 科技活动人员年龄结构分布合理

2014年，我国海洋科研机构科技活动人员中30岁以下和30～39岁的人员分别占科技活动人员总量的18.31%和41.51%，40～49岁和50～59岁的人员分别占科技活动人员总量的22.56%和16.45%（见图2-4）。其中，高级职称人员中30岁以下和30～39岁的人员分别占高级职称人员总量的0.58%和35.08%，40～49岁和50～59岁的人员分别占高级职称人员总量的36.99%和25.05%（见图2-5）；中级职称人员中30岁以下和30～39岁的人员分别占中级职称人员总量的16.69%和62.46%，40～49岁和50～59岁的人员分别占中级职称人员总量的12.35%和8.20%（见图2-6）；博士毕业人员中30岁以下和30～39岁的人员分别占博士毕业人员总量的9.61%和56.35%，40～49岁和50～59岁的人员分别占博士毕业人员总量的23.91%和9.59%（见图2-7）。

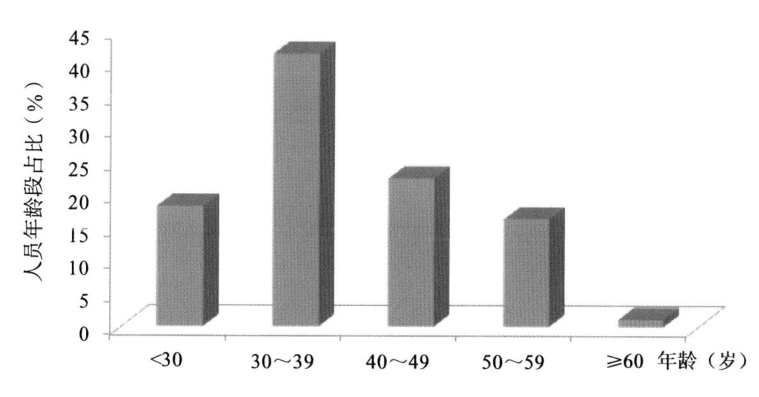

图2-4　2014年海洋科研机构科技活动人员年龄分布

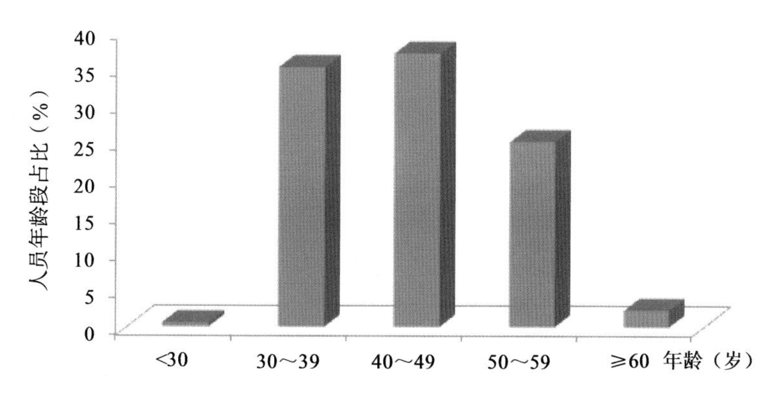

图2-5　2014年海洋科研机构科技活动人员中高级职称人员年龄分布

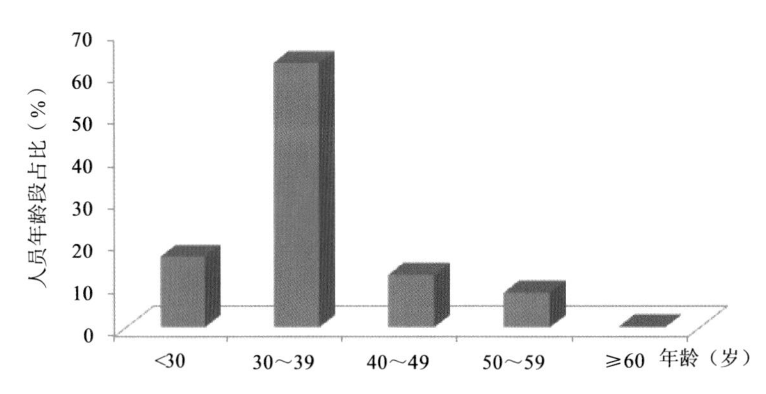

图2-6　2014年海洋科研机构科技活动人员中中级职称人员年龄分布

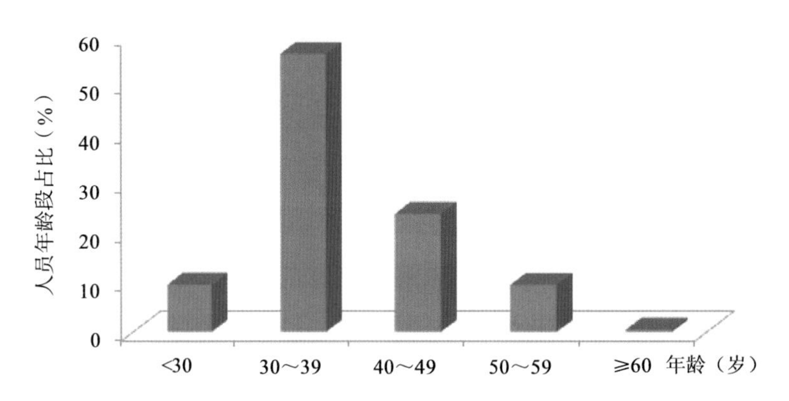

图2-7　2014年海洋科研机构科技活动人员中博士毕业人员年龄分布

3. R&D 人员总量、折合全时工作量稳中有升

我国海洋科研机构的R&D人员总量和折合全时工作量总体呈现稳步上升态势（见图2-8）。2001—2006年期间，R&D人员总量和折合全时工作量增长相对较缓；2006—2007年，二者均涨势迅猛，增长率分别为115.91%和88.25%；2008—2009年，二者再次出现大幅增长，增长率分别为49.62%和55.18%；2009—2014年，二者又恢复稳步增长态势。2014年与2013年相比，二者均略有增长。

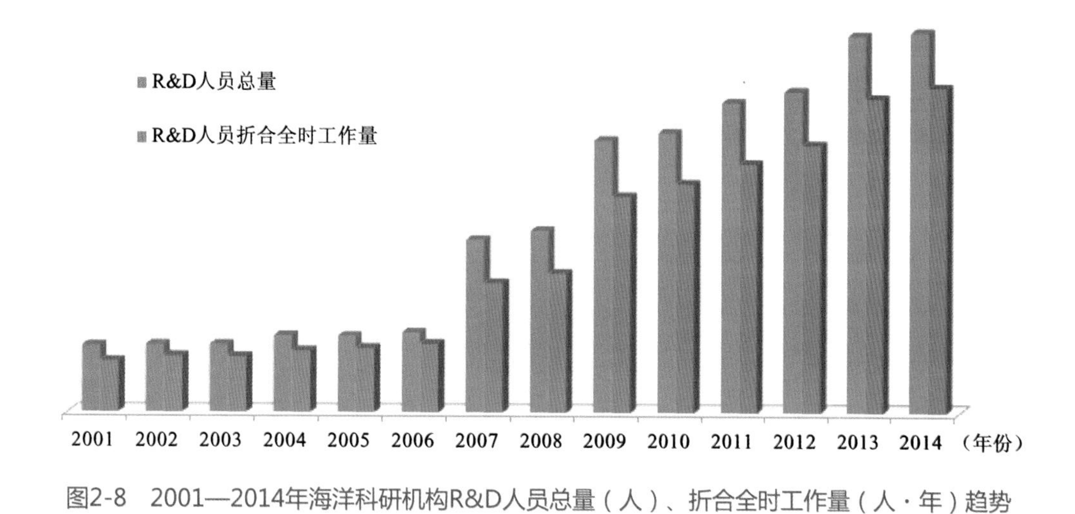

图2-8　2001—2014年海洋科研机构R&D人员总量（人）、折合全时工作量（人·年）趋势

4. R&D 人员学历结构进一步优化

近4年来，我国海洋科研机构R&D人员中博士毕业生数量保持增长，但占比略有下降，硕士毕业生数量和占比均持续增长，2014年博士和硕士毕业生分别占R&D人员总量的28.28%和32.73%（见图2-9）。其中，博士毕业生占比2012年最高，达到28.67%，2014年相比2011年增长2.29个百分点，相比2013年下降0.03%；硕士毕业生占比连续4年保持稳步增长态势，2014年比2011年增长5.09个百分点。

图2-9　2011—2014年海洋科研机构R&D人员学历结构

5. R&D 人员折合全时工作量构成合理

R&D人员折合全时工作量由研究人员、技术人员和其他辅助人员的折合全时工作量构成，其中，研究人员是指从事新知识、新产品、新工艺、新方法、新系统的构想或创造的专业人员及R&D课题的高级管理人员；技术人员通常在研究人员的指导下参加R&D课题，应用有关原理和操作方法执行R&D任务，其活动包括进行文献检索、编制计算机程序等；其他辅助人员是指参加R&D课题或直接协助这些课题的秘书和办事人员、行政管理人员等。近4年来，我国海洋科研机构R&D人员折合全时工作量构成基本稳定，趋于合理发展态势，其中，研究人员进行的工作量保持在60%以上，2014年研究人员折合全时工作量占比为62.33%（见图2-10）。

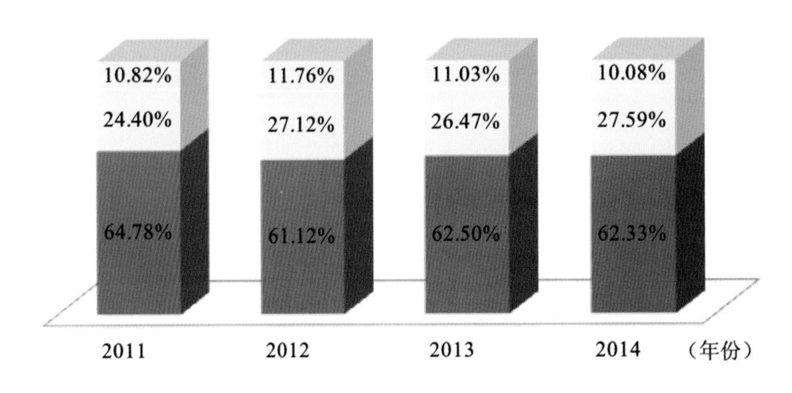

图2-10　2011—2014年海洋科研机构R&D人员折合全时工作量构成

（二）海洋创新平台环境逐渐改善

1. 海洋科研机构的国家（重点 / 工程）实验室和国家工程（研究 / 技术研究）中心有所增多

2002—2014年，国家（重点/工程）实验室和国家工程（研究/技术研究）中心历年数量总体呈现增长态势（见图2-11），国家实验室个数在2010年达到最大值（36个），国家工程中心个数在2014年达到最大值（16个）。

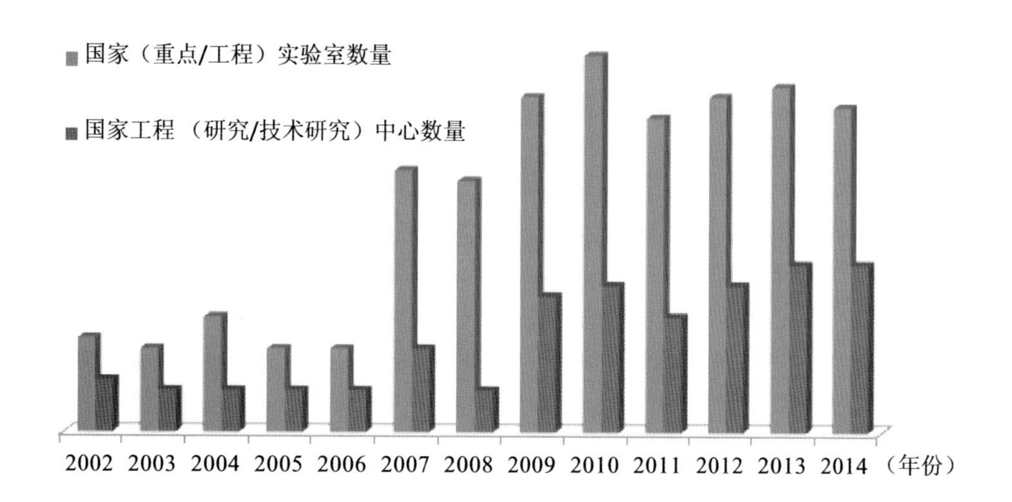

图2-11　2002—2014年海洋科研机构国家实验室和工程中心数量（个）趋势

2. 基本建设投资实际完成额保持增长

基本建设投资实际完成额指本机构在当年完成的用货币表示的基本建设工作量，按用途分为科研仪器设备、科研土建工程、生产经营土建与设备和生活土建与设备。基本建设投资科研仪器设备指在基本建设投资的实际完成额中购置的科研仪器设备总值，基本建设投资科研土建工程指在基本建设投资的实际完成额中完成的科研土建工作量（如科研楼、试验用房等）。2001—2014年，我国海洋科研机构的基本建设投资实际完成额稳定增长（见图2-12），2009年增长最为迅猛，年增长率达到307.77%，2014年是2001年的29倍。从用途分类来看，2001—2014年基本建设投资实际完成额主要用于科研土建工程和科研仪器设备（见图2-13），在2014年的占比分别为63.26%和36.10%。

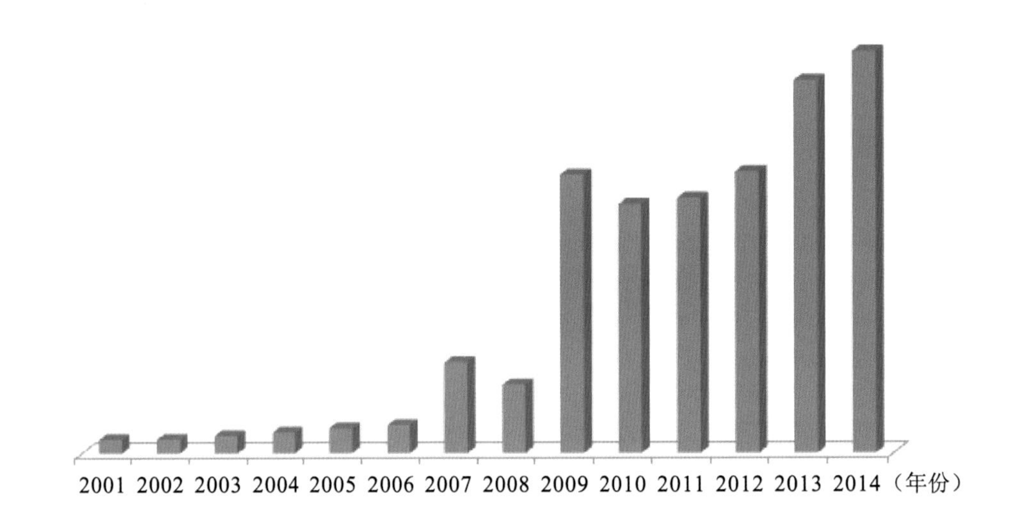

图2-12　2001—2014年海洋科研机构基本建设投资实际完成额（千元）趋势

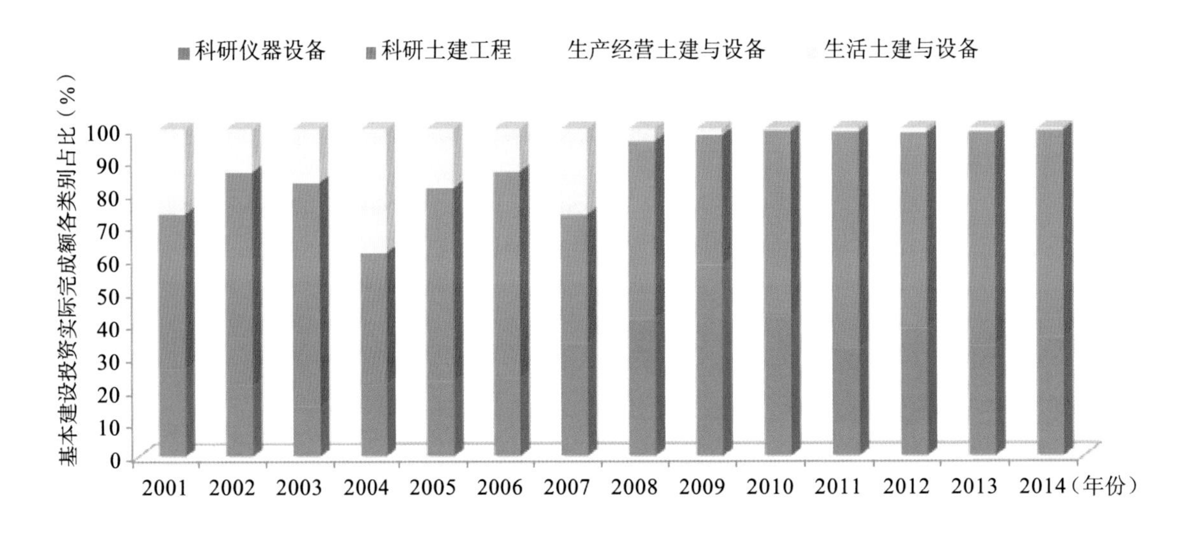

图2-13　2001—2014年海洋科研机构基本建设投资实际完成额构成

3. 固定资产和科学仪器设备逐年递增

固定资产指能在较长时间内使用，消耗其价值，但能保持原有实物形态的设施和设备，如房屋和建筑物等，作为固定资产应同时具备两个条件：即耐用年限在一年以上，单位价值在规定标准以上的财产、物资。2001—2014年，我国海洋科研机构的固定资产原价持续增长（见图2-14），年均增速为31.41%。固定资产中科学仪器设备指从事科技活动的人员直接使用的科研仪器设备，不包括与基建配套的各种动力设备、机械设备、辅助设备，也不包括一般运输工具（科学考察用交通运输工具除外）和专用于生产的仪器设备。2001—2014年，我国海洋科研机构固定资产原价中科学仪器设备部分同样保持增长态势（见图2-14），年均增速为37.15%。

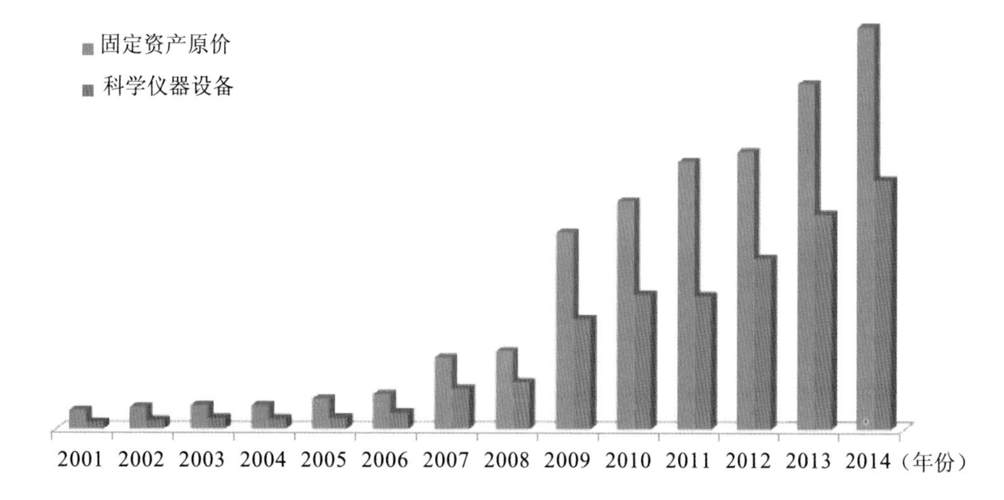

图2-14　2001—2014年海洋科研机构固定资产原价（千元）和其中科学仪器设备（千元）部分趋势

（三）海洋创新经费规模显著提升

R&D活动是创新活动最为核心的组成部分，不仅是知识创造和自主创新能力的源泉，也是全球化环境下吸纳新知识和新技术的能力基础，更是反映科技经济协调发展和衡量经济增长质量的重要指标。海洋科研机构的R&D经费是重要的海洋创新经费，能够有效反映国家海洋创新活动规模，客观评价国家海洋科技实力和创新能力。

1. R&D 经费规模快速提升

进入21世纪以来，我国海洋科研机构的R&D经费支出连续13年保持增长态势。2009年是该指标迅猛增长的一年，年增长率达到106.46%； 2001—2014年期间年均增速达到34.50%。R&D经费占全国海洋生产总值比重通常作为国家海洋科研经费投入强度指标，反映国家海洋创新资金投入强度。2001—2014年期间，该指标整体呈现增长态势，年均增速为16.96%；2014年较2013年略有下降（见图2-15）。

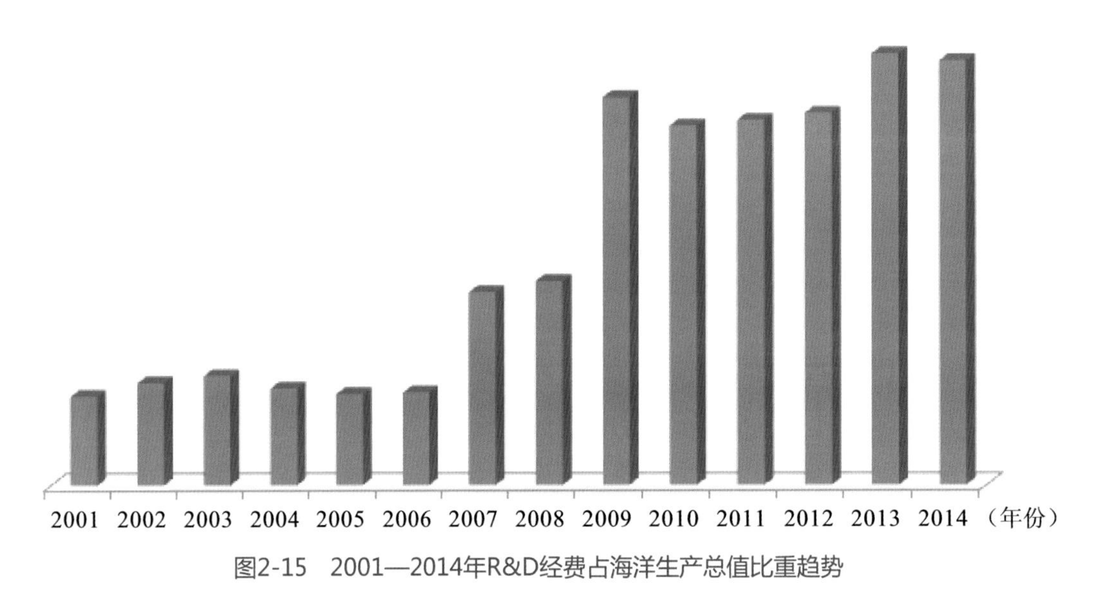

图2-15 2001—2014年R&D经费占海洋生产总值比重趋势

2. R&D 经费内部支出稳定增长

R&D经费内部支出指当年为进行R&D活动而实际用于机构内的全部支出，包括R&D经常费支出和R&D基本建设费。2001—2014年，R&D基本建设费在R&D经费内部支出中的比例逐渐上升，占比从2001年的5.28%上升到2014年的18.07%，较好体现出我国对基建投资重视程度的提高（见图2-16）。从费用类别来看，R&D经常费支出包括人员费用（含工资）、设备购置费和其他日常支出（包括业务费和管理费），R&D基本建设费包括仪器设备费和土建费。其中，2001—2014年期间，R&D经常费中其他日常支出保持在50%以上，人员费用和设备购置费占比小幅下降（见图2-17），2014年，人员费用和设备购置费占R&D经常费支出的比重分别为30.77%和

12.67%，其他日常支出占比56.56%；2001—2014年期间，R&D基本建设费构成呈波动趋势，其中，除2007年和2009年土建费占比小于仪器设备费外，其他年份均超过仪器设备费（见图2-18）。从活动类型来看，2001—2014年，R&D经常费支出中用于基础研究的经费占比总体上变动不大（见图2-19），用于应用研究的经费占比从2001年的47.17%下降至2014年的32.41%，用于试验发展的经费占比从2001年的29.26%上升至2014年的44.68%。从经费来源来看，2001—2014年期间，R&D经费内部支出主要来源于政府资金和企业资金，且政府资金占比在逐渐下降，同时企业资金占比在上升（见图2-20），2014年，政府资金和企业资金占比分别为65.67%和23.84%。

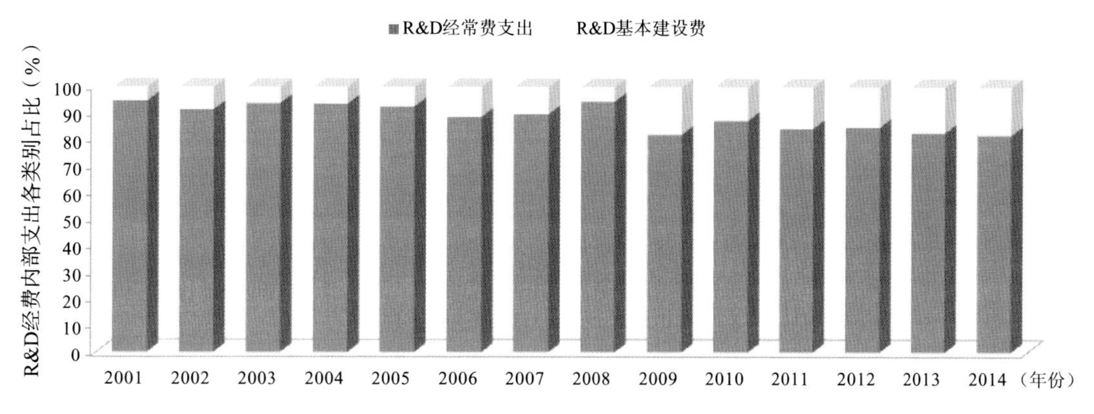

图2-16　2001—2014年R&D经费内部支出构成

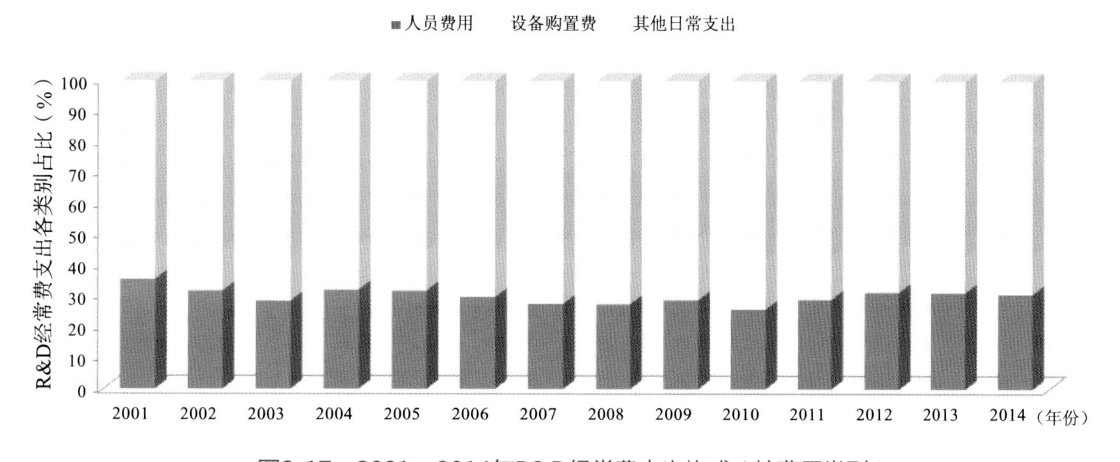

图2-17　2001—2014年R&D经常费支出构成（按费用类别）

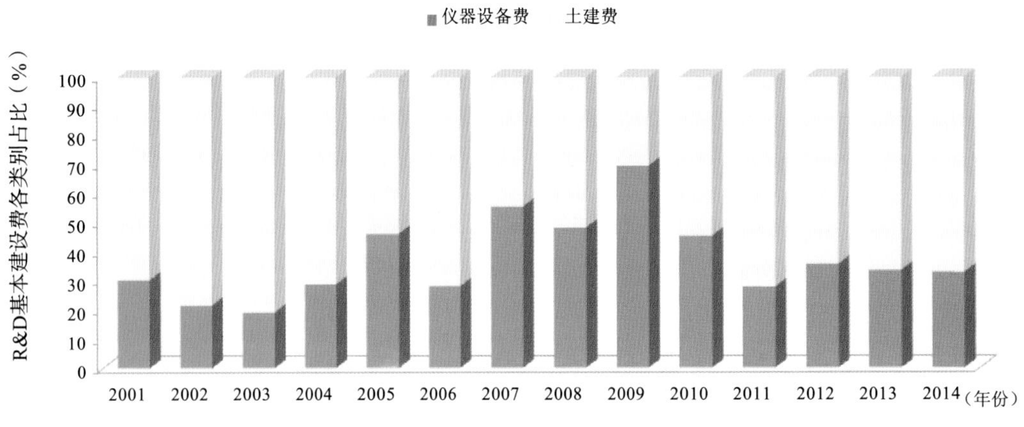

图2-18　2001—2014年R&D基本建设费构成（按费用类别）

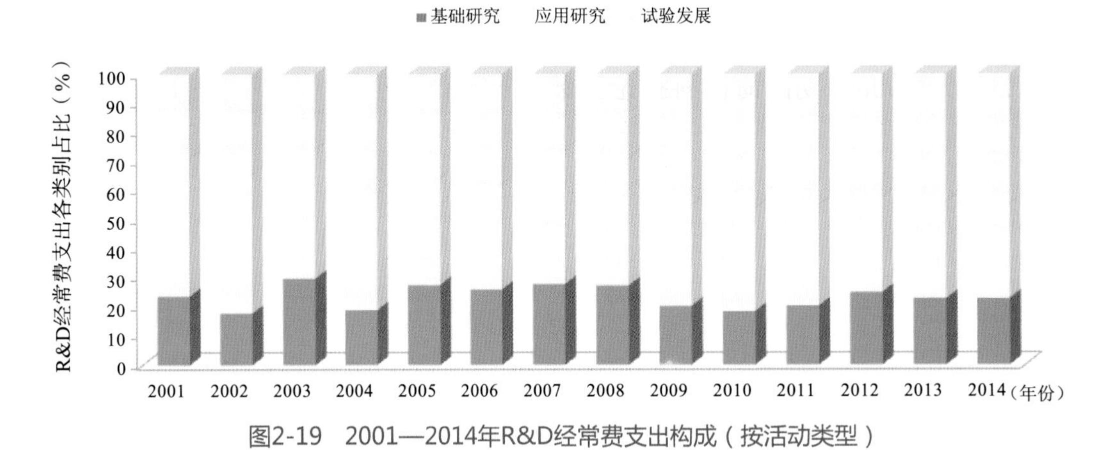

图2-19　2001—2014年R&D经常费支出构成（按活动类型）

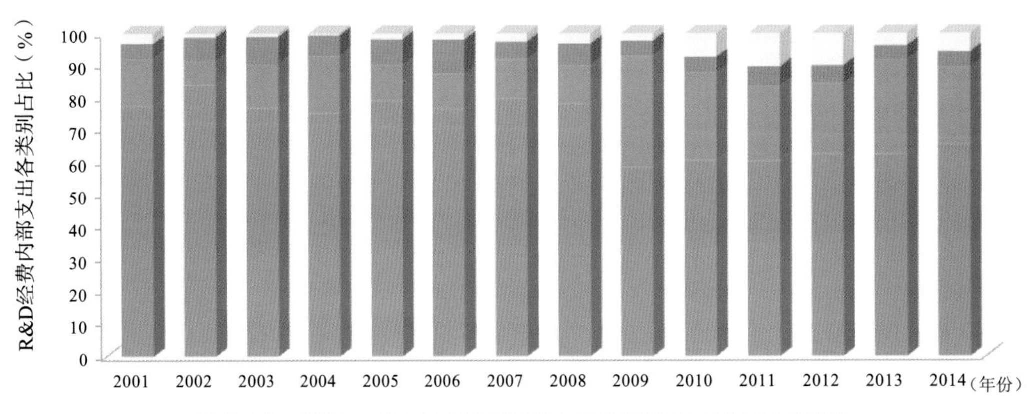

图2-20　2001—2014年R&D经费内部支出构成（按经费来源）

（四）海洋创新产出成果持续增长

知识创新是国家竞争力的核心要素。创新产出是指科学研究与技术创新活动所产生的各种形式的中间成果，是科技创新水平和能力的重要体现。论文、著作的质量和数量能够反映海洋科技原始创新能力，专利申请量和授权量等情况则更加直接地反映了海洋创新的活动程度和技术创新水平。较高的海洋知识扩散与应用能力是创新型海洋强国的共同特征之一。

1. 海洋科技论文总量保持增长

2001—2014年我国海洋科研机构的海洋科技论文发表数量总体保持增长态势（见图2-21），2014年的论文发表数量是2001年的7.49倍，平均每年增长19.46%。其中，2001—2006年期间海洋科技论文数增长平稳，平均增速为11.80%；2006—2007年与2008—2009年海洋科技论文数发生了两次较大飞跃，增速分别为106.66%与58.42%，是我国海洋科技原始创新能力高速发展的重要阶段；2010年以后海洋科技论文逐渐恢复平稳增长，年均增速为7.37%。值得注意的是，2001—2014年期间，海洋科技论文国外发表的占比在整体上有较大幅度上涨（见图2-22），2014年在国外发表的海洋科技论文占总数的比重为37.20%。

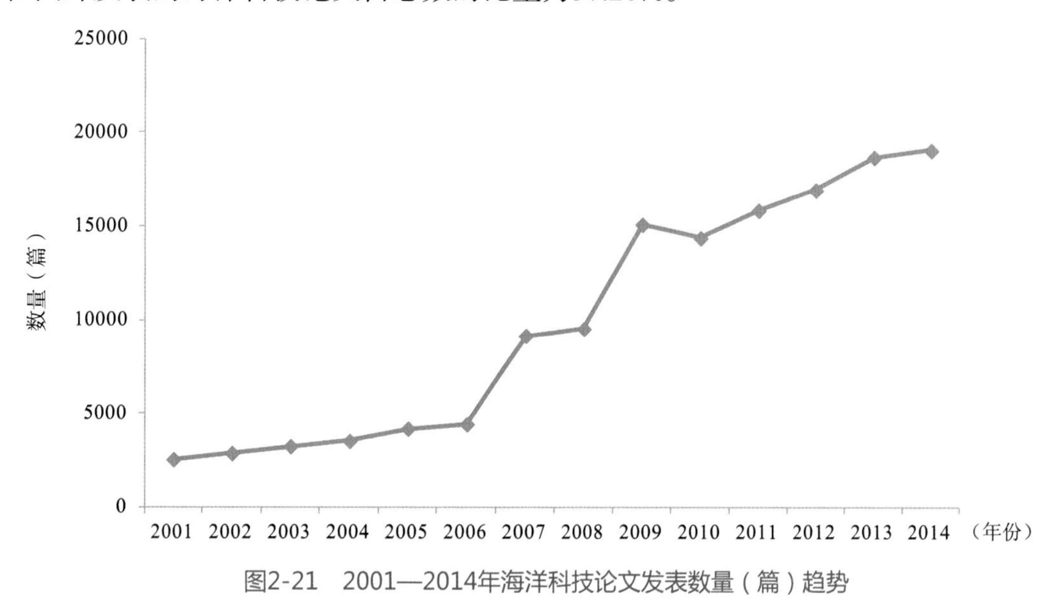

图2-21　2001—2014年海洋科技论文发表数量（篇）趋势

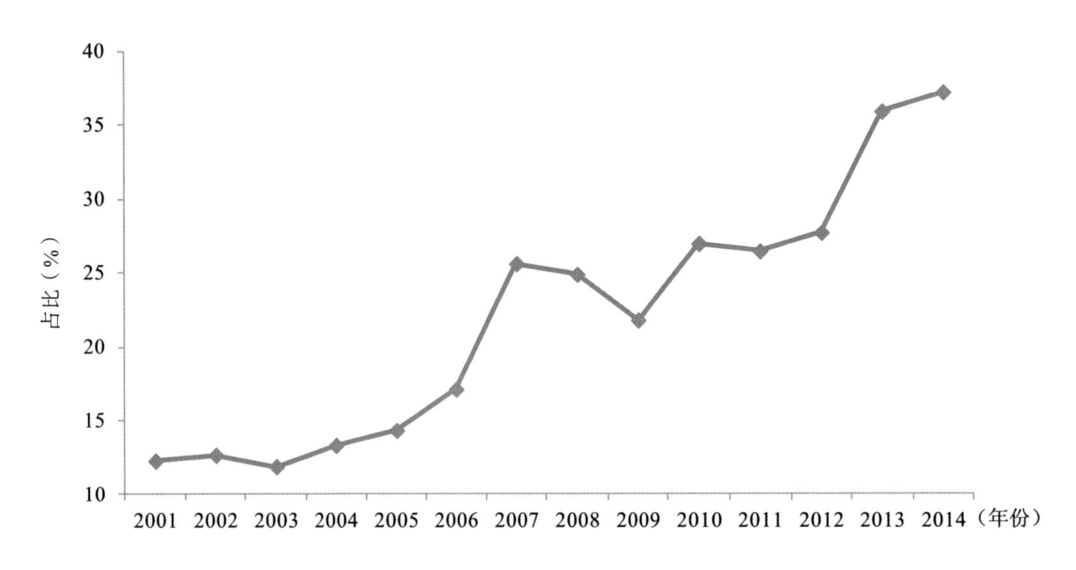

图2-22　2001—2014年海洋科技论文国外发表论文占比趋势

2. 我国海洋学 SCI 论文量质齐升

2001—2014年，我国海洋学SCI论文平均年增长率为18.80%，在国际海洋学论文中所占比例和SCI论文占全部论文比例逐年增加（见图2-23和图2-24）。SCI论文占全部论文比例，由2001年的6.66%增长至2014年的44.61%。在国际海洋学论文中所占比例已由2001年的1.20%增长至2014年的15.10%，同时我国第一国家论文占全部论文比例也在逐年增加（见图2-25），2014年所占比例达到86.20%。在国外发表的科技论文增长较快，充分说明我国海洋学论文正在逐步扩大其影响力，得到广泛的国际认可。海洋学SCI论文发表数量飞速增长，远高于世界海洋学SCI论文增长速度，一方面与我国起点较低有关，另一方面也充分表明我国近年来在海洋领域的创新和发展在不断增强。

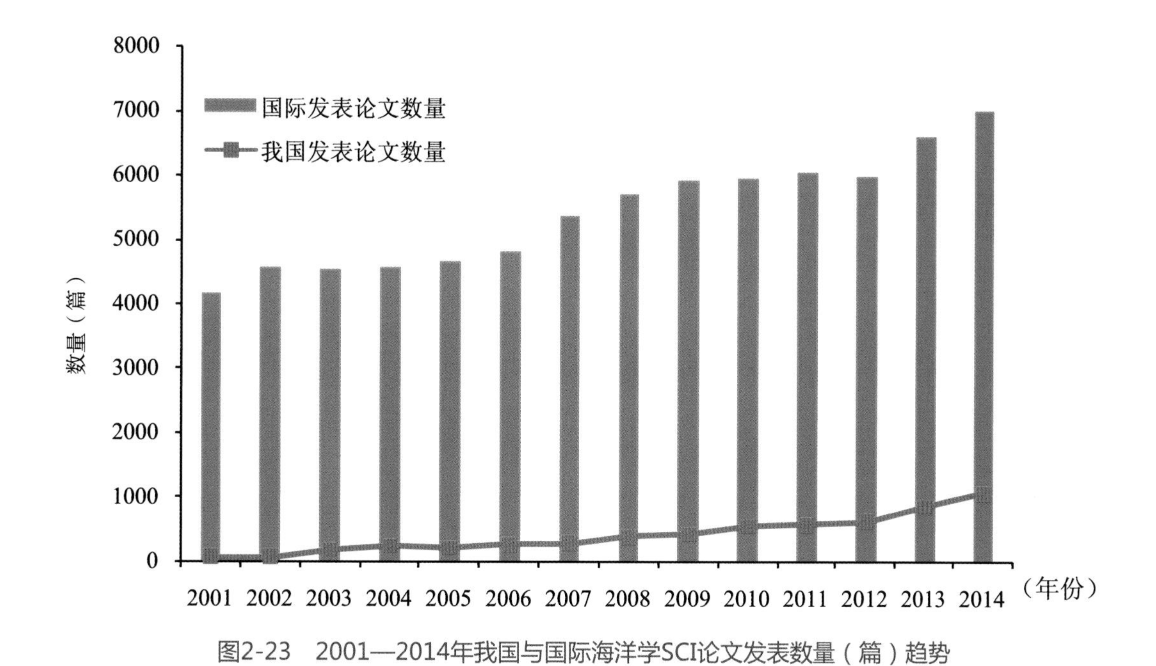

图2-23　2001—2014年我国与国际海洋学SCI论文发表数量（篇）趋势

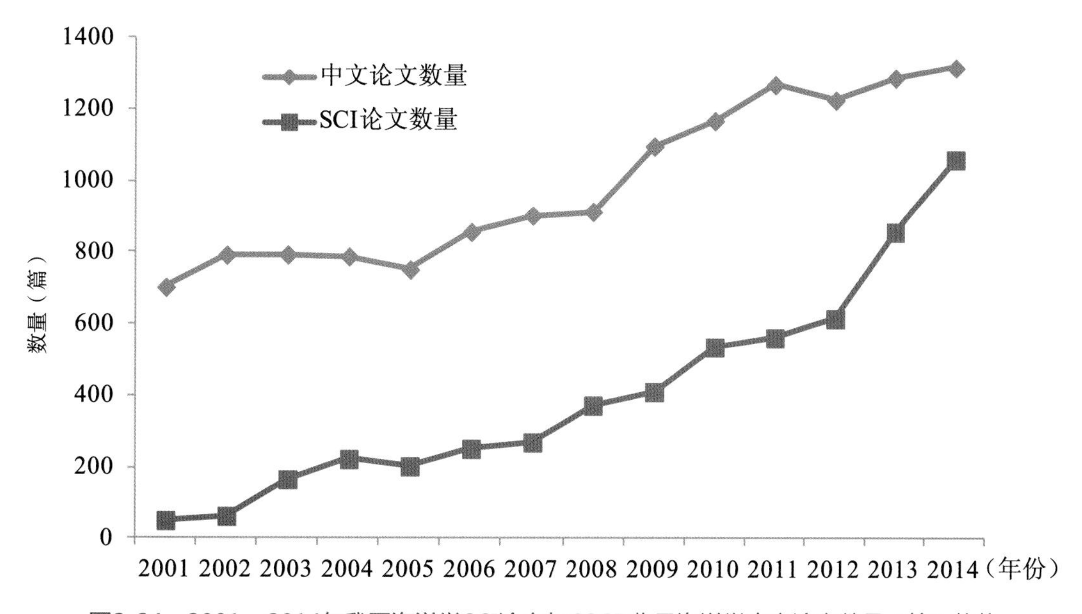

图2-24　2001—2014年我国海洋学SCI论文与CSCD收录海洋学中文论文数量（篇）趋势

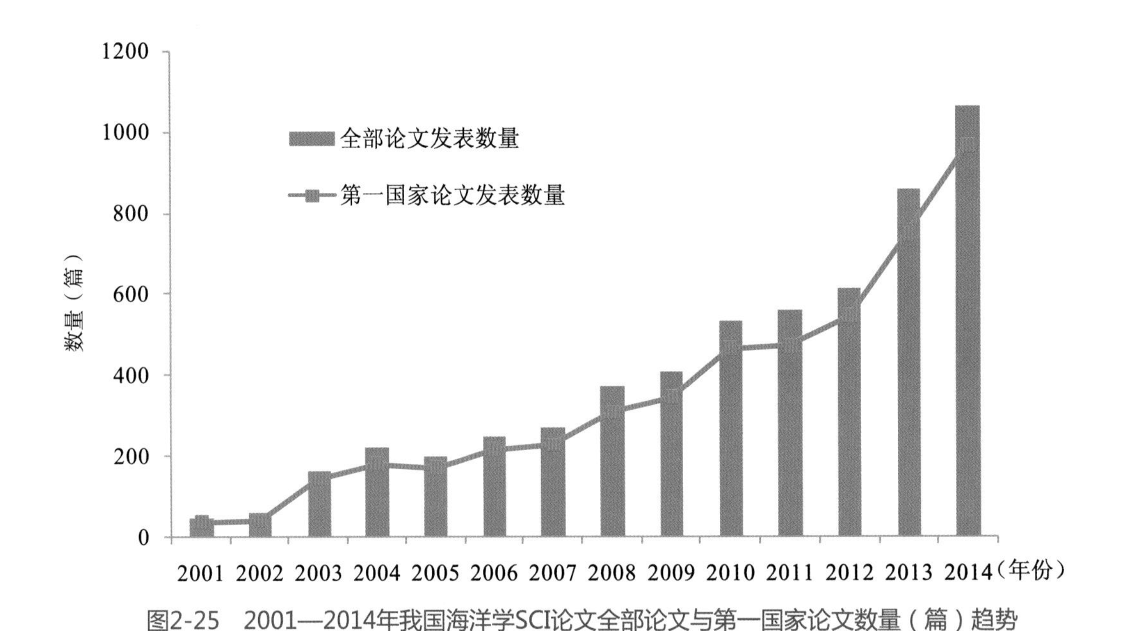

图2-25　2001—2014年我国海洋学SCI论文全部论文与第一国家论文数量（篇）趋势

此外，我国海洋学SCI论文被引次数也在逐年增加，2001—2014年论文被引次数年均增长112.00%，远高于论文总量增速（见图2-26）。但目前来看，我国高引用率论文的数量并不乐观（见图2-27），被引次数大于50次的论文只占全部论文的2.40%，从未被引论文数量占全部论文的19.80%。

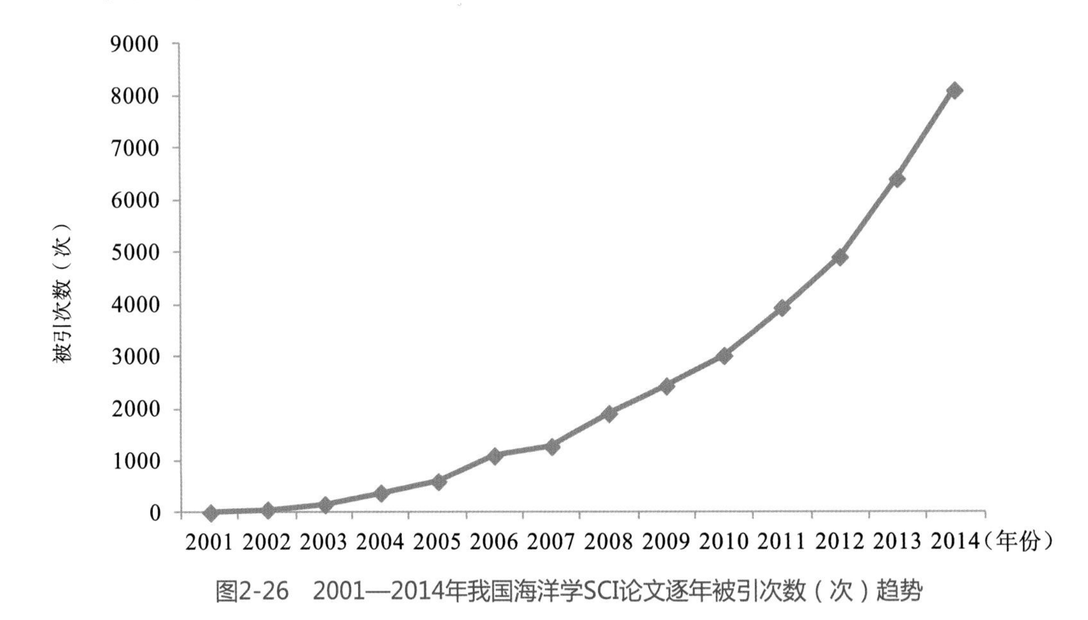

图2-26　2001—2014年我国海洋学SCI论文逐年被引次数（次）趋势

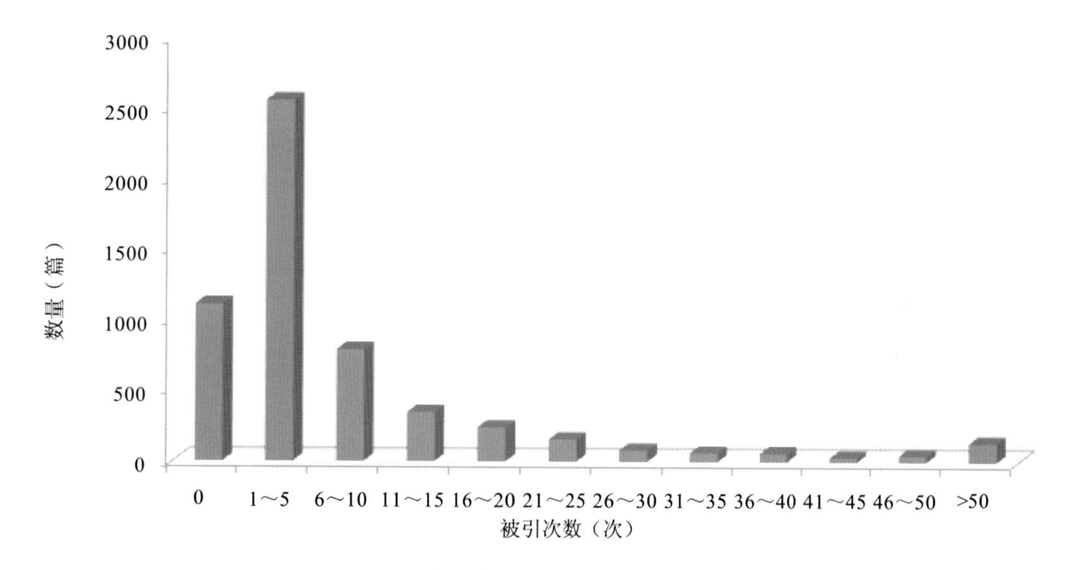

图2-27　我国海洋学SCI论文被引次数分布

我国海洋学论文所在论文期刊分布并不均匀，在国内三大SCI期刊《ACTA OCEANOLOGICA SINICA》、《CHINESE JOURNAL OF OCEANOLOGY AND LIMNOLOGY》、《JOURNAL OF OCEAN UNIVERSITY OF CHINA》发表文章数量占据全部论文数量的41.50%，在影响因子大于2的期刊上合计发表论文1533篇，占全部论文数量的27.20%（见表2-1）。

表2-1　我国发表论文数量前20期刊发文数量

期　刊	影响因子	发表论文数量（篇）
ACTA OCEANOLOGICA SINICA	0.747	1135
CHINESE JOURNAL OF OCEANOLOGY AND LIMNOLOGY	0.657	917
JOURNAL OF GEOPHYSICAL RESEARCH-OCEANS	3.426	375
OCEAN ENGINEERING	1.351	362
JOURNAL OF OCEAN UNIVERSITY OF CHINA	0.558	287
CONTINENTAL SHELF RESEARCH	1.892	231
ESTUARINE COASTAL AND SHELF SCIENCE	2.057	215
MARINE ECOLOGY PROGRESS SERIES	2.619	150

续表2-1

期　刊	影响因子	发表论文数量（篇）
TERRESTRIAL ATMOSPHERIC AND OCEANIC SCIENCES	0.703	119
JOURNAL OF OCEANOGRAPHY	1.271	112
JOURNAL OF NAVIGATION	0.949	111
APPLIED OCEAN RESEARCH	1.287	101
MARINE GEOLOGY	2.71	99
JOURNAL OF MARINE SYSTEMS	2.508	96
MARINE GEORESOURCES & GEOTECHNOLOGY	0.644	93
MARINE CHEMISTRY	2.735	92
DEEP-SEA RESEARCH PART II-TOPICAL STUDIES IN OCEANOGRAPHY	2.19	82
JOURNAL OF PHYSICAL OCEANOGRAPHY	2.856	76
JOURNAL OF PLANKTON RESEARCH	2.407	72
OCEAN & COASTAL MANAGEMENT	1.748	70

从与其他国家和中国台湾省的合作来看，海洋学SCI论文合作发表超过5篇的国家或地区有34个，其中合作次数排名前三的国家或地区是美国、加拿大和澳大利亚（见图2-28）。

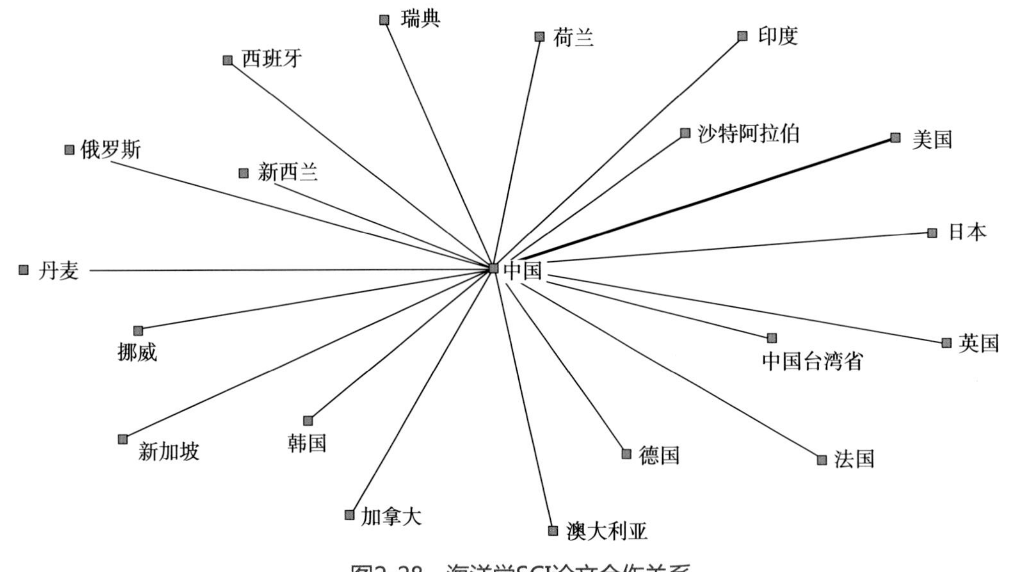

图2-28　海洋学SCI论文合作关系

3. 海洋科技著作出版种类明显增长

2001—2014年期间我国海洋科研机构的海洋科技著作出版种类总体呈现增长态势（见图2-29），年均增速为19.85%，但2014年较2013年有所下降。其中，2001—2006年海洋科技著作出版种类处于稳定增长阶段，平均增速为7.93%；2006—2007年与2008—2009年海洋科技著作出版种类快速增长，增速分别为102.86%与78.57%；2010年以后海洋科技著作出版种类年均增速为9.05%。

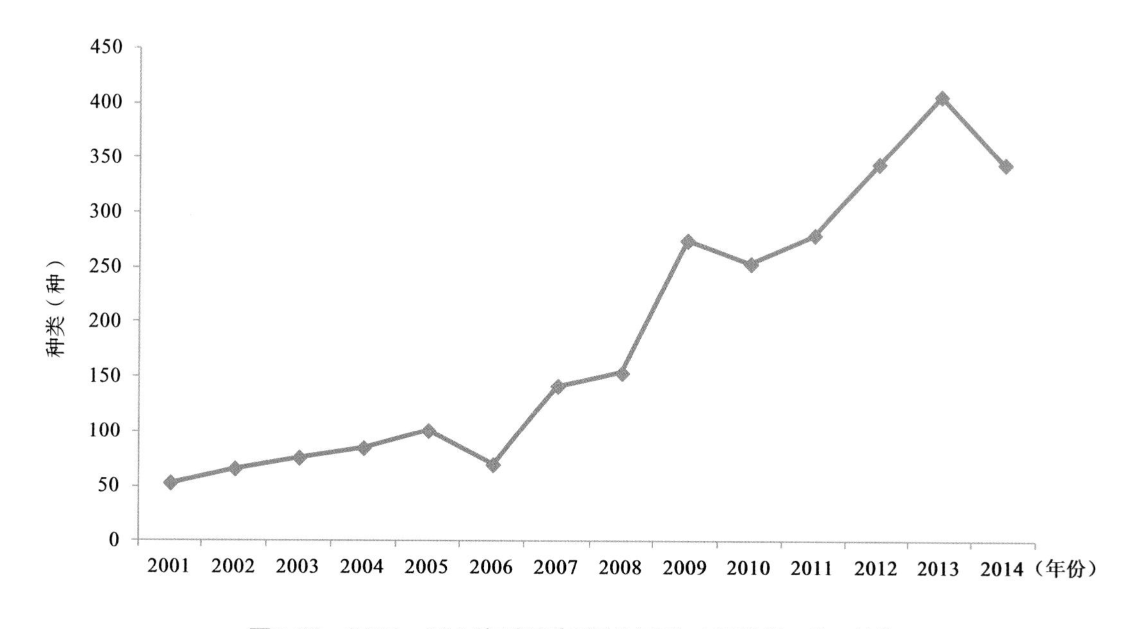

图2-29　2001—2014年我国海洋科技著作出版种类（种）趋势

4. 海洋领域专利申请量涨势强劲

我国海洋领域专利申请数量逐年增长，近年增速显著，已由2001年的248件增加至2014年的4272件，数量已扩充到17倍（见图2-30）。

专利申请数量不断增加的基础上，有效专利数量（包括审中专利和授权专利）占到63%，未缴专利数量占22%（见图2-31）。

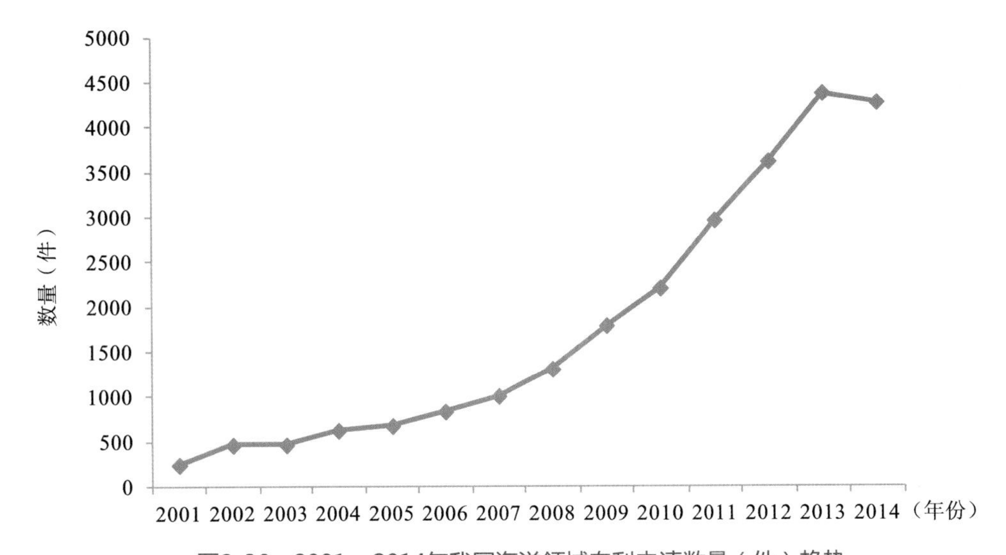

图2-30　2001—2014年我国海洋领域专利申请数量（件）趋势

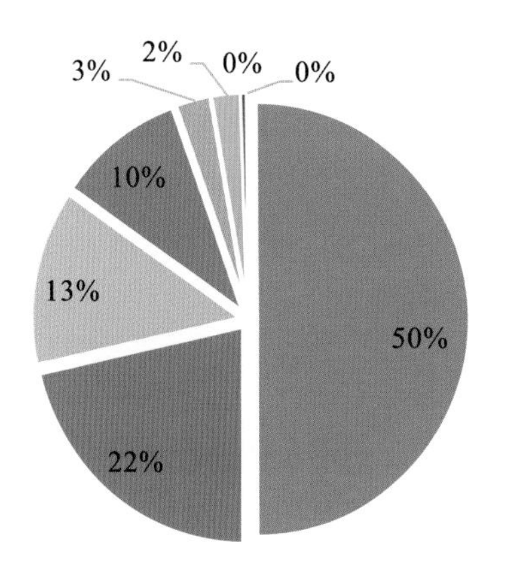

图2-31　2001—2014年我国海洋领域专利法律状态

我国海洋领域专利类型中，发明专利占60%（见图2-32），也从侧面反映了我国海洋领域技术创新的发展。外观设计占比很低，某种角度表明我国海洋领域成熟产品数量较少。

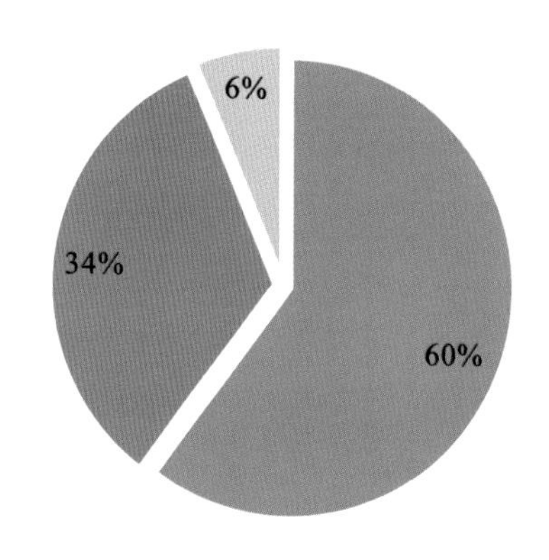

图2-32　2001—2014年我国海洋领域专利类型申请比例

我国海洋领域专利类型中，外观设计增长变化不大，发明专利和实用新型增长迅速（见图2-33）。

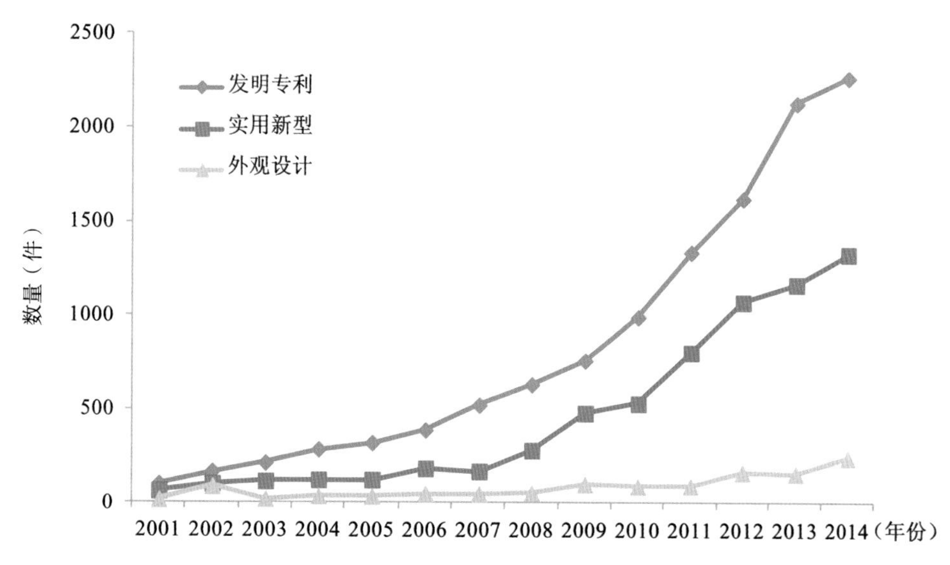

图2-33　2001—2014年我国海洋领域专利类型申请趋势

获得我国海洋领域专利的主要申请单位前15位里，企业有3家（均为中国海洋石油集团不同子公司），大学有8家，研究机构有4家（见图2-34）。

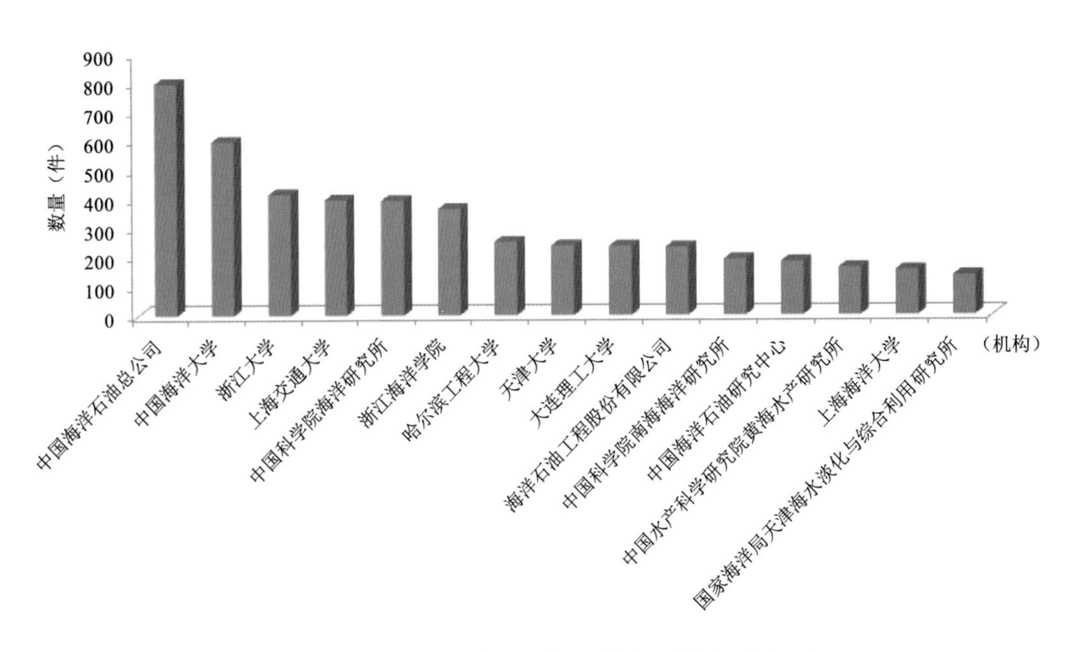

图2-34　2001—2014年我国海洋领域专利主要申请机构

从前15位主要申请机构的申请专利类型来看，发明专利较多，外观专利几乎没有（见图2-35）。

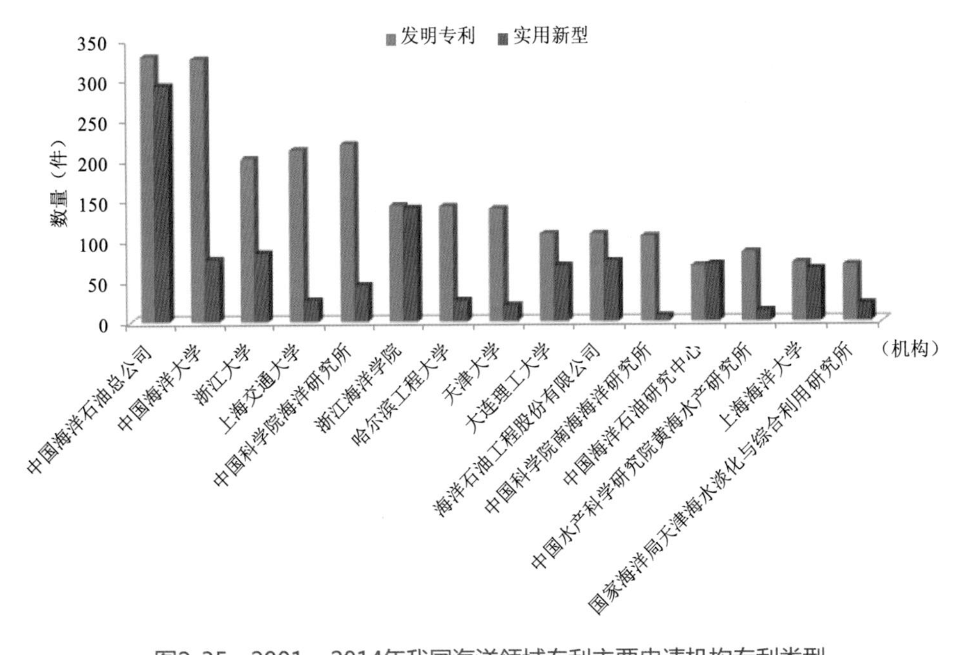

图2-35　2001—2014年我国海洋领域专利主要申请机构专利类型

我国海洋领域专利主要申请省（市）中，山东省因其较多的涉海科研机构与大学，占据首位。北京市位列第四。其他沿海省（市）中，福建省申请数量相对较少（见图2-36）。

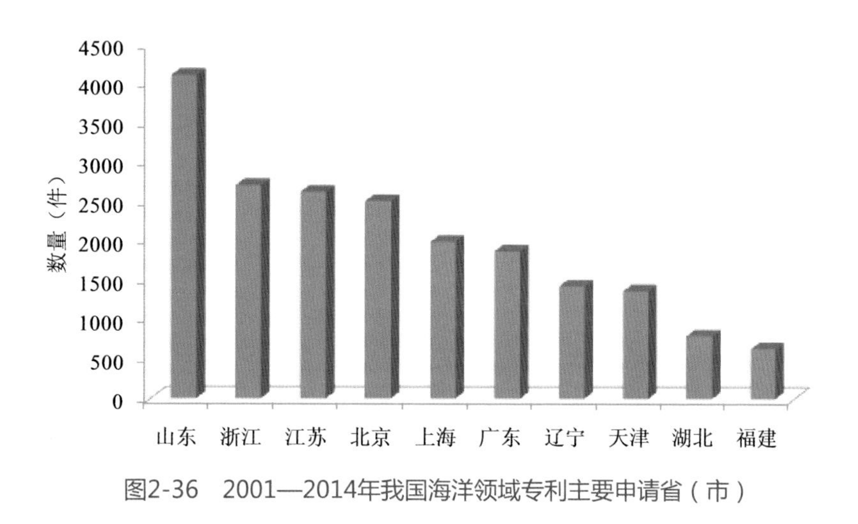

图2-36　2001—2014年我国海洋领域专利主要申请省（市）

从主要申请省（市）的申请专利类型来看，浙江、江苏和广东外观设计专利居多，各省（市）发明专利和实用新型专利比例相当（见图2-37）。

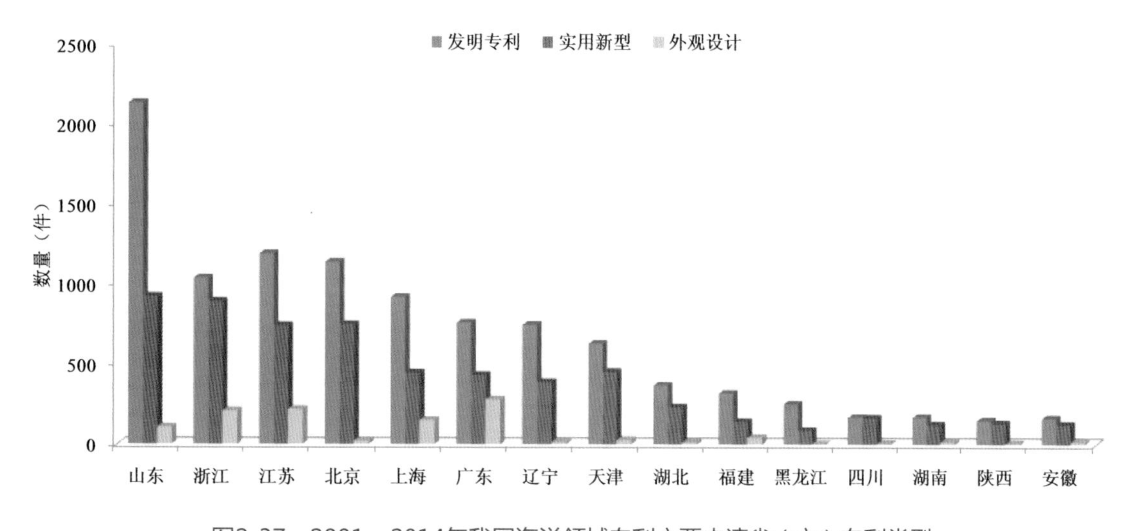

图2-37　2001—2014年我国海洋领域专利主要申请省（市）专利类型

我国海洋领域专利出现频次较高的15类专利依次为：C02F（污水、污泥污染处理）、G01N（借助测定材料的化学或者物理性质来测试或分析材料）、A01K（鱼类管理；养殖）、B63B（船舶或其他水上船只；船用设备）、F03B（液力机械或液力发动机）、A61K（医学用配置品）、E21B（土层或岩石的钻进）、A61P（化合物或药物制剂的治疗活性）、C09D（涂料组合物，如色漆、清漆或天然漆；填充浆料；化学涂料或油墨的去除剂；油墨；改正液；木材着色剂；用于着色或印刷的浆料或固体；原料为此的应用）、C12N（微生物或酶）、E02B（碾磨谷物的准备；靠加工表壳将谷粒精制为商品）、C12R（与涉及微生物之C12C至C12Q或C12S小类相关的引得表）、B01D（分离）、F16L（管子；管接头或管件；管子、电缆或护管的支撑；一般的绝热方法）（见图2-38和图2-39）。

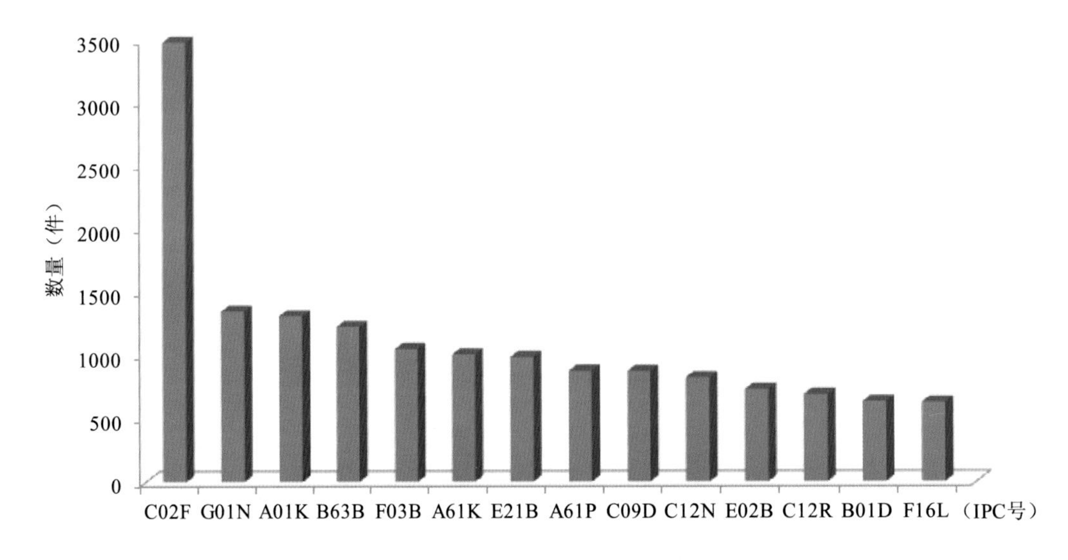

图2-38　2001—2014年我国海洋领域专利主要分类号

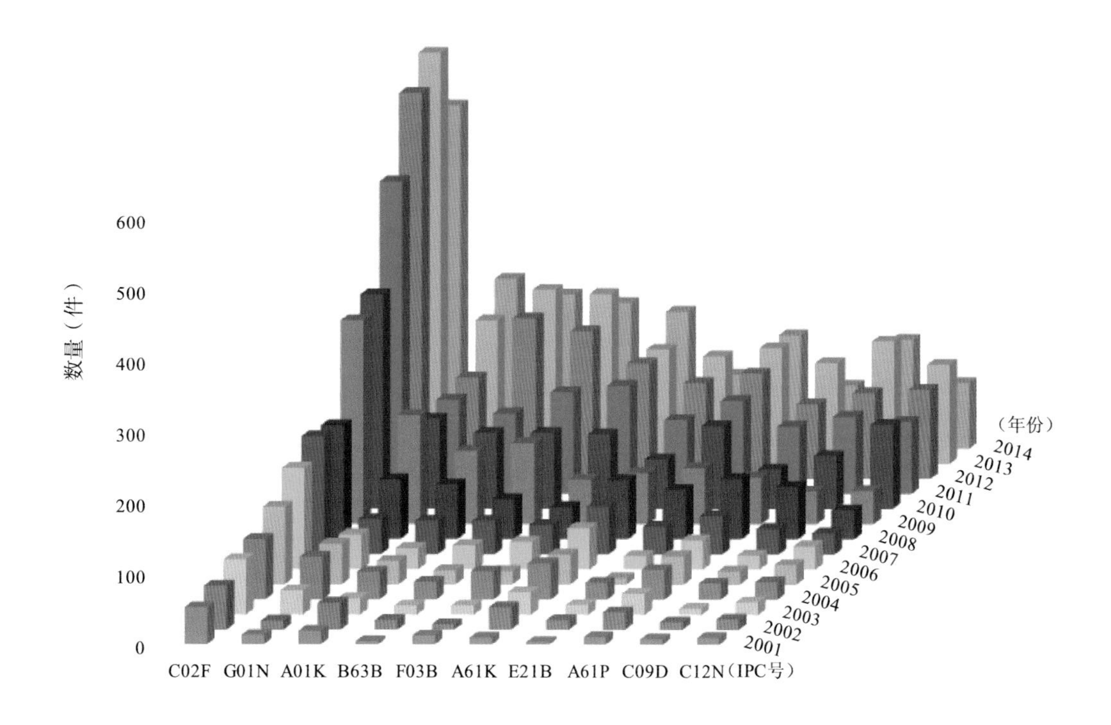

图2-39　2001—2014年我国海洋领域专利IPC分类前10位专利申请数量（件）

5. 海洋科研机构发明专利所有权转让许可收入逐步提高

海洋科研机构发明专利所有权转让许可收入是指海洋科研机构向外单位转让专利所有权或允许专利技术由被许可单位使用而得到的收入，包括当年从被转让方或被许可方得到的一次性付款和分期付款收入以及利润分成、股息收入等。发明专利所有权转让许可收入能够从一定程度上反映海洋领域技术转移的效率。2009—2014年我国海洋发明专利所有权转让许可收入总体呈现上升趋势（见图2-40）。

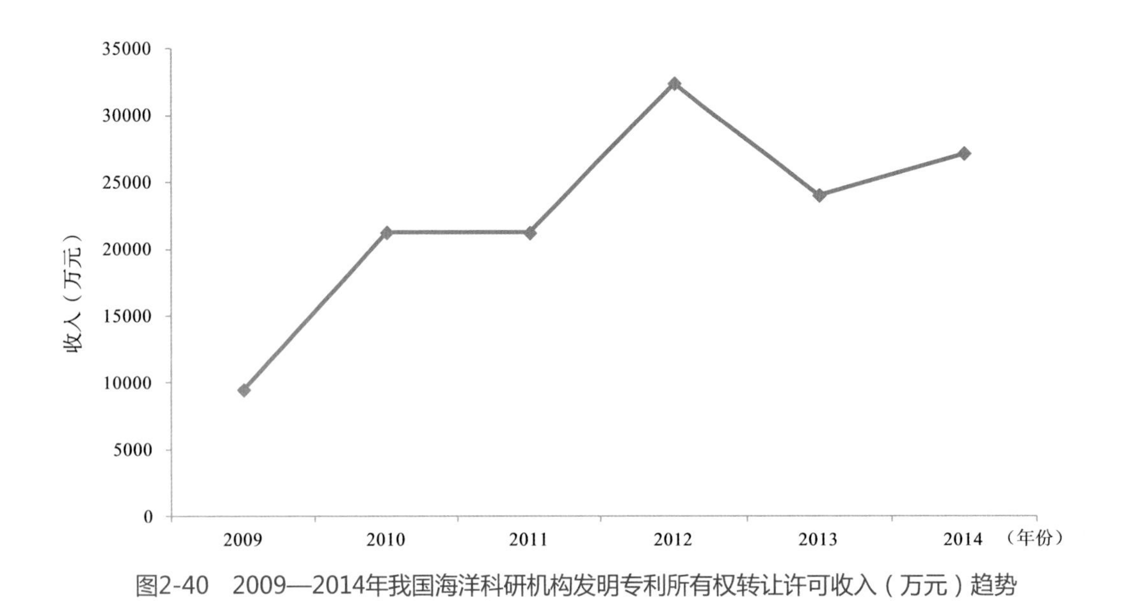

图2-40　2009—2014年我国海洋科研机构发明专利所有权转让许可收入（万元）趋势

6. 世界海洋专利方面占据明显优势

以DII数据库检索2001—2014年海洋专利数据，发现我国专利申请数量遥遥领先（见图2-41）。

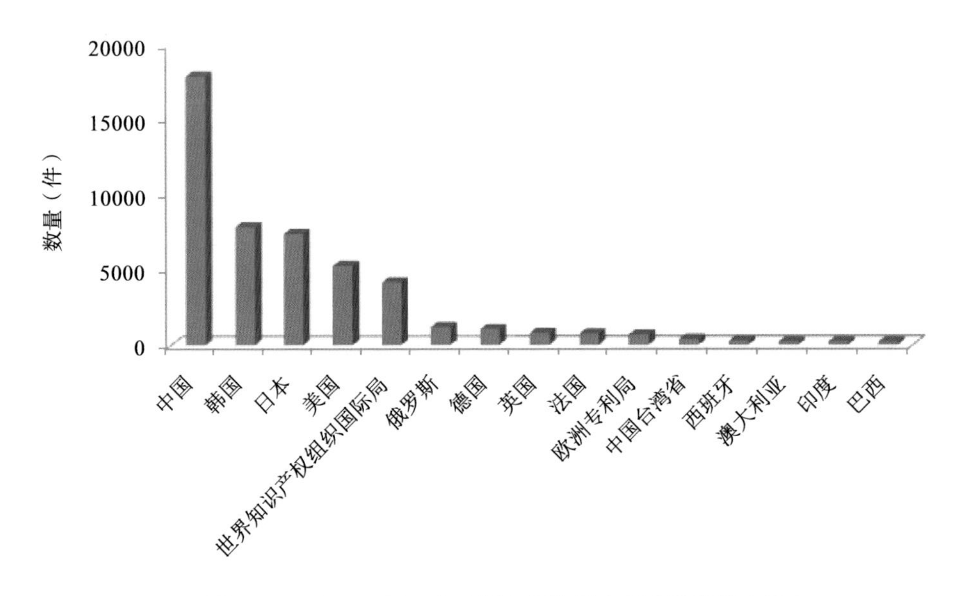

图2-41　2001—2014年世界各国海洋专利申请数量（件）

我国与世界海洋专利数量增长态势基本一致，在世界专利中所占比例稳步增高（见图2-42）。

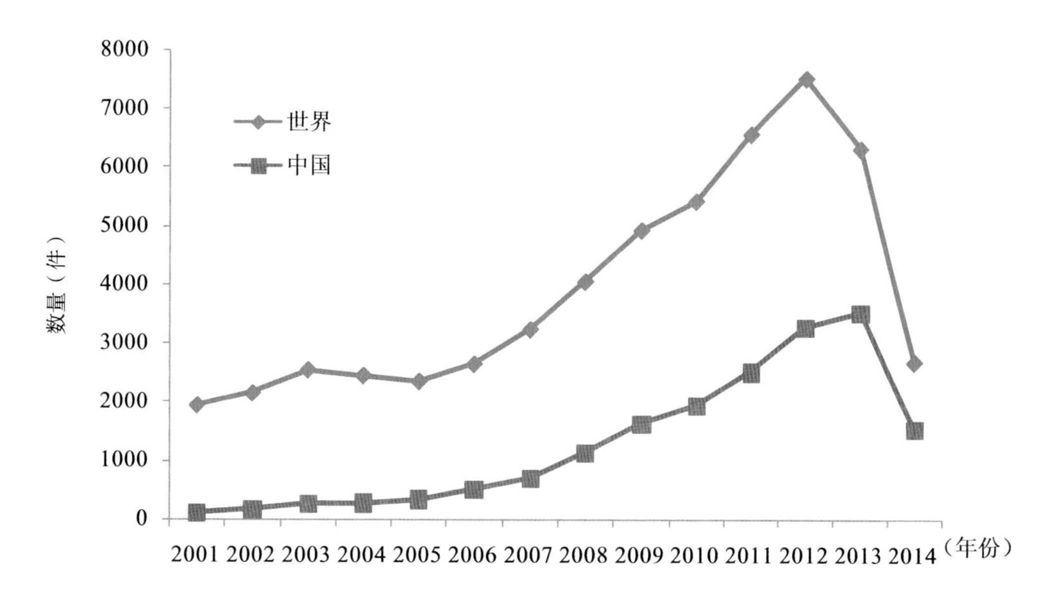

图2-42　2001—2014年我国与世界海洋专利申请数量（件）趋势比较

世界上海洋专利IPC分类前15位的专利分别是：B63B（船舶或其他水上船只；船用设备）、C02F（污水、污泥污染处理）、A01K（畜牧业；禽类、鱼类、昆虫的管理；捕鱼；饲养或养殖其他类不包含的动物；动物的新品种）、A23L（不包含在A21D或A23B至A23J小类中的食品、食料或非酒精饮料）、E02B（水利工程）、F03B（液力机械或液力发动机）、A61K（医学用配置品）、B01D（分离）、B63H（船舶的推进装置或操舵装置）、A61P（化合物或药物制剂的治疗活性）、E21B（土层或岩石的钻进）、G01V（地球物理；重力测量；物质或物体的探测；示踪物）、G01N（借助测定材料的化学或者物理性质来测试或分析材料）、E02D（基础；挖方；填方）、G01S（无线电定向；无线电导航；采用无线电波测距或测速；采用无线电波的反射或再辐射的定位或存在检测；采用其他波的类似装置）（见图2-43）。

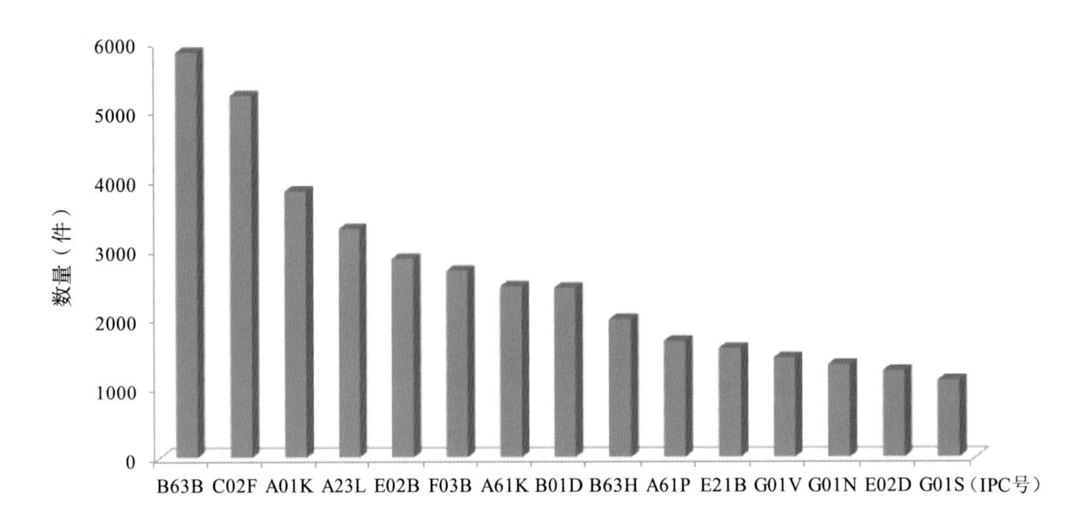

图2-43　2001—2014年世界海洋专利申请IPC分类号专利授权情况比较

世界上，海洋专利申请主要机构中我国有4家机构位列前15位（见图2-44）。

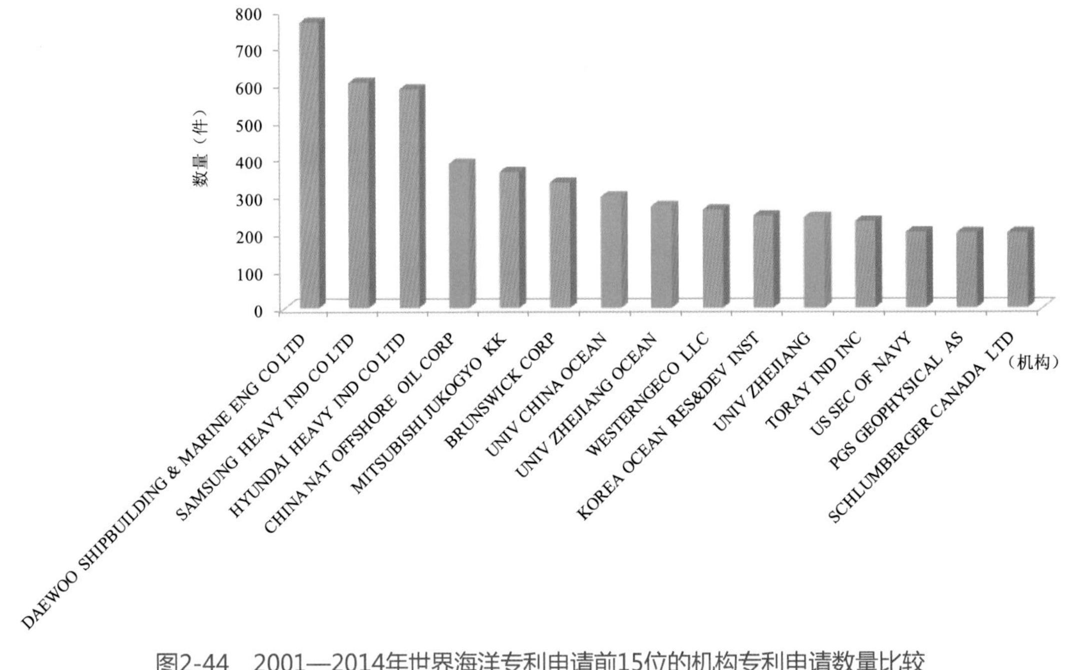

图2-44　2001—2014年世界海洋专利申请前15位的机构专利申请数量比较

综合来看，我国海洋领域专利发展迅速，在世界海洋专利方面也占据一定优势。专利申请人分布较为均衡，企业、大学以及研究所均有申请，但主要申请人相对集

中，区域也相对较为集中。我国海洋领域专利在渔业、医药以及矿物开发方面居多，在新产品、食品（体现在外观专利）以及高新技术方面较为短缺。

（五）高等学校海洋创新发展良好

高等学校对国家创新的发展具有举足轻重的作用。近年来，我国高等学校的海洋创新资源投入和海洋创新成果产出逐渐增加，海洋创新发展态势良好。需要说明的是，本部分数据是以涉海高等学校和涉海学科为依据提取，按照其涉海比例系数加权求和所得（涉海高等学校及其涉海比例系数和涉海学科及其涉海比例系数分别见附录十和附录十一）。

1. 高等学校海洋创新人力资源结构逐渐优化

高等学校教学与科研人员是指高等学校在册职工在统计年度内，从事大专以上教学、研究与发展、研究与发展成果应用及科技服务工作人员以及直接为上述工作服务的人员，包括统计年度内从事科研活动累计工作时间一个月以上的外籍和高教系统以外的专家和访问学者。2009—2014年我国高等学校教学与科研人员逐步增加，其中，科学家与工程师、高级职称人员数量也呈增长态势，科学家与工程师占教学与科研人员的比例略有波动（见图2-45）；高级职称人员占教学与科研人员的比例由37.50%上升至39.75%。

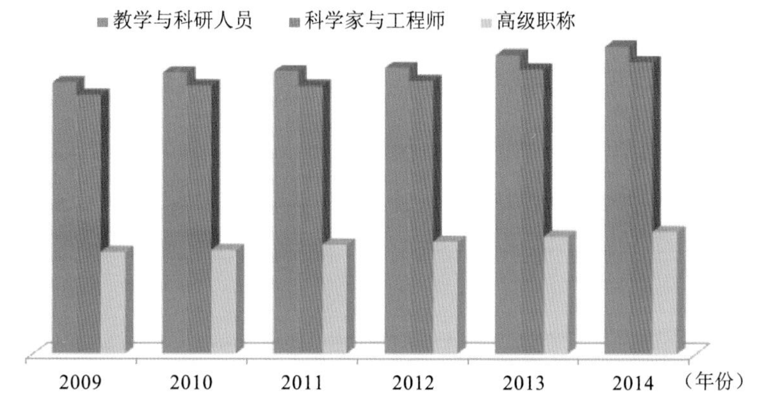

图2-45　2009—2014年我国涉海高等学校教学与科研人员（人）增长趋势

高等学校研究与发展人员是指统计年度内，从事研究与发展工作时间占本人教学、科研总时间10%以上的“教学与科研人员”。2009—2014年我国涉海高等学校研究与发展人员逐步增加。其中，科学家与工程师、高级职称人员数量也呈增长态势，科学家与工程师占研究与发展人员的比例由95.99%上升到97.09%；高级职称人员占研究与发展人员的比例略有波动（见图2-46）。

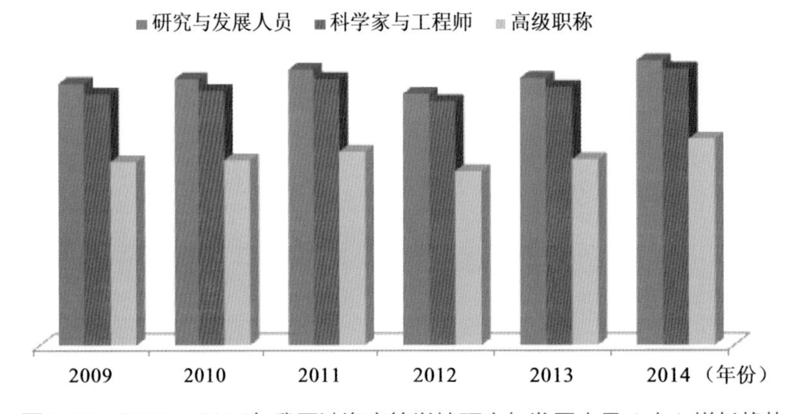

图2-46　2009—2014年我国涉海高等学校研究与发展人员（人）增长趋势

2. 高等学校海洋创新投入逐渐增加

2009—2014年我国涉海高等学校科技经费投入不断增加，年均增速达到12.47%。2009—2014年政府资金投入呈增长态势，年均增速达到12.41%。2009—2014年我国涉海高等学校的内部支出大幅增长（见图2-47），2014年是2009年内部支出的58.76倍。

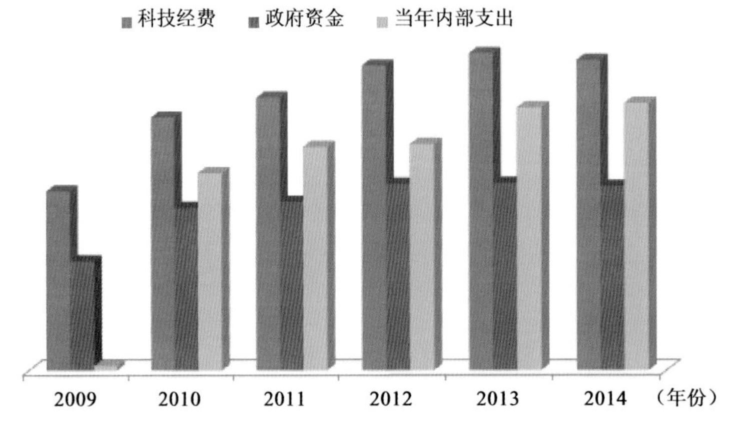

图2-47　2009—2014年我国涉海高等学校科技经费收入与支出（万元）趋势

2009—2014年我国涉海高等学校科技课题总数逐渐增加，年均增速为6.80%；科技课题当年投入人数总体呈上升趋势（见图2-48），年均增速为1.37%。2009—2014年我国涉海高等学校科技课题当年拨入经费和当年支出经费逐年增多（见图2-49），当年拨入经费年均增速达到12.51%，当年支出经费年均增速达到12.65%。

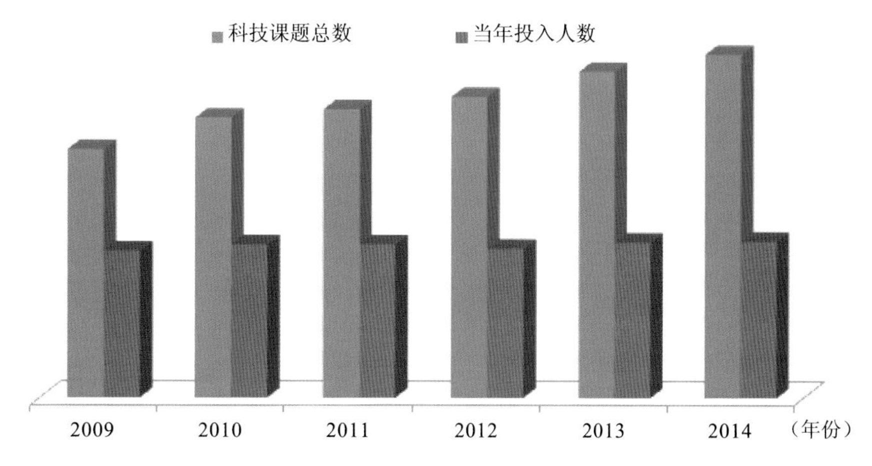

图2-48　2009—2014年我国涉海高等学校科技课题总数（项）和当年投入人数（人）增长趋势

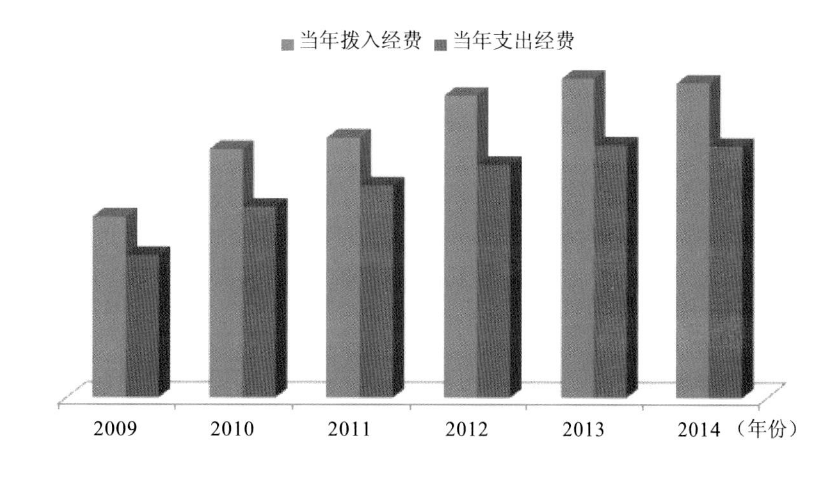

图2-49　2009—2014年我国涉海高等学校科技课题当年拨入经费（万元）和当年支出经费（万元）增长趋势

3. 高等学校海洋创新产出逐渐增加

2009—2014年，我国涉海高等学校科技成果中发表的学术论文篇数逐步增长（见图2-50），年均增速为6.80%，其中国外学术刊物发表的学术论文篇数增长更为明显，年均增速10.96%；技术转让签订的合同数逐年增长（见图2-51），年均增速为18.91%，其中，在2009—2010年期间增长最为迅猛，年增长率达到67.60%。

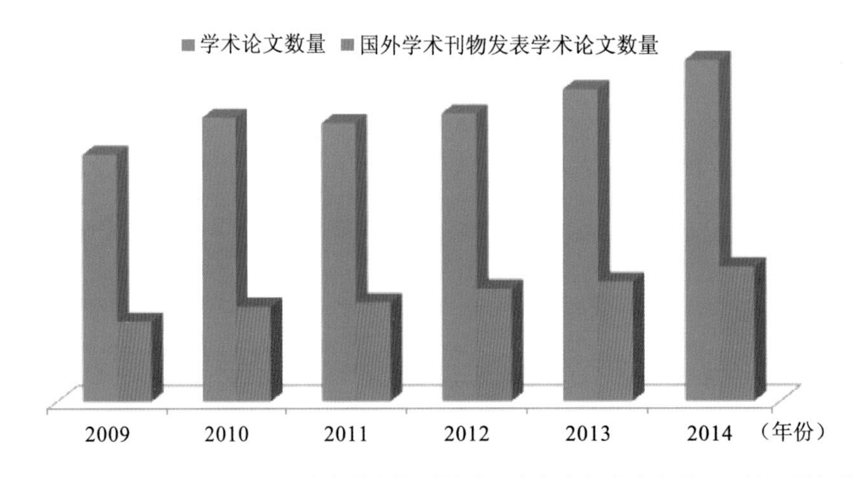

图2-50　2009—2014年我国涉海高等学校科技成果中发表学术论文数量（篇）增长趋势

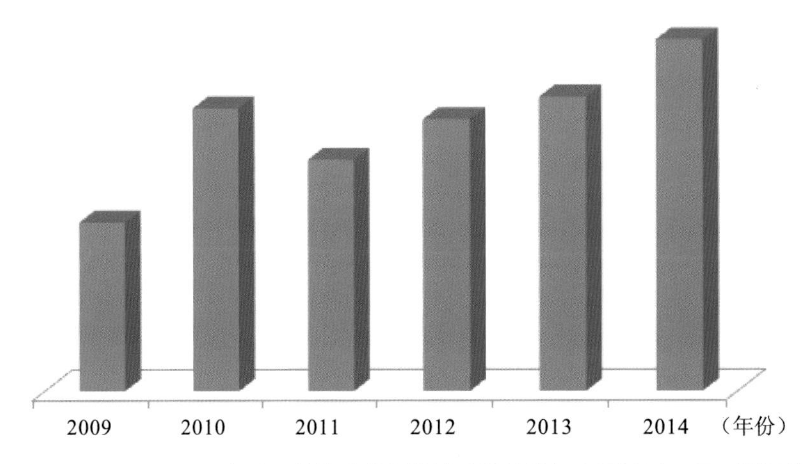

图2-51　2009—2014年我国涉海高等学校技术转让签订合同数目（项）增长趋势

4. 高等学校海洋科研机构稳定发展

2012—2014年，我国高校涉海科研机构中的从业人员逐步增加（见图2-52）。其中，博士毕业和硕士毕业人员数量也呈增长态势；同时，博士毕业人员占比由51.76%下降到51.04%，硕士毕业人员占比由27.56%上升到31.16%（见图2-53）。

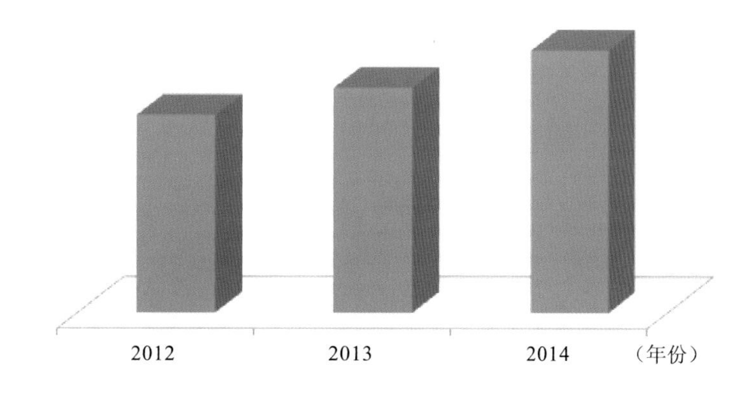

图2-52　2012—2014年我国高校涉海科研机构中的从业人员数量（人）增长趋势

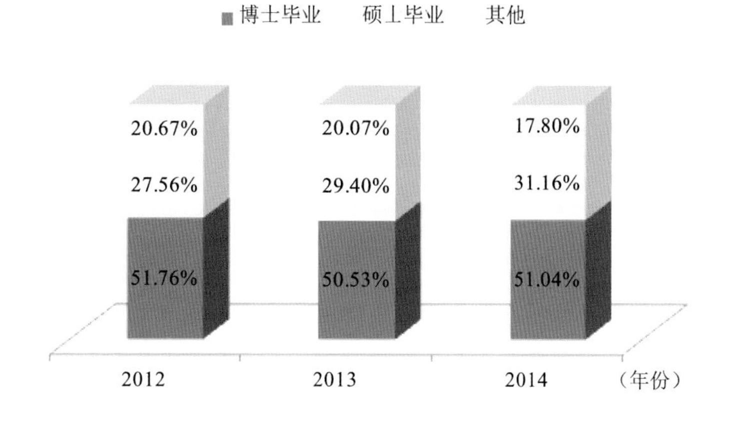

图2-53　2012—2014年我国高校涉海科研机构中的从业人员学历结构

2012—2014年，我国高校涉海科研机构中的科技活动人员数量逐步增加（见图2-54）。其中，高级职称人员占比由60.00%下降至59.41%，中级职称人员占比由28.46%上升到31.35%，初级职称人员占比由7.76%下降至6.87%（见图2-55）。

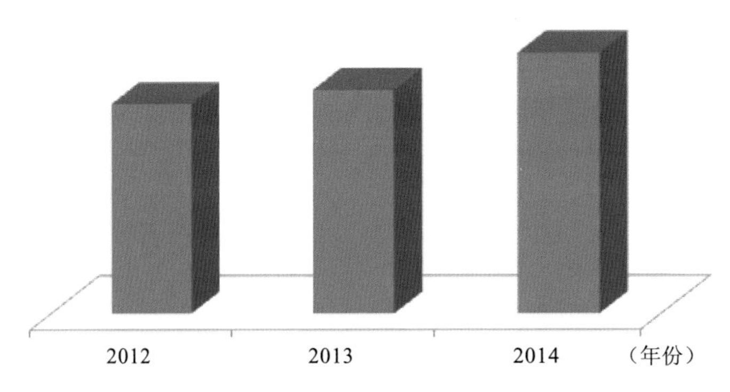

图2-54　2012—2014年我国高校涉海科研机构中的科技活动人员数量（人）增长趋势

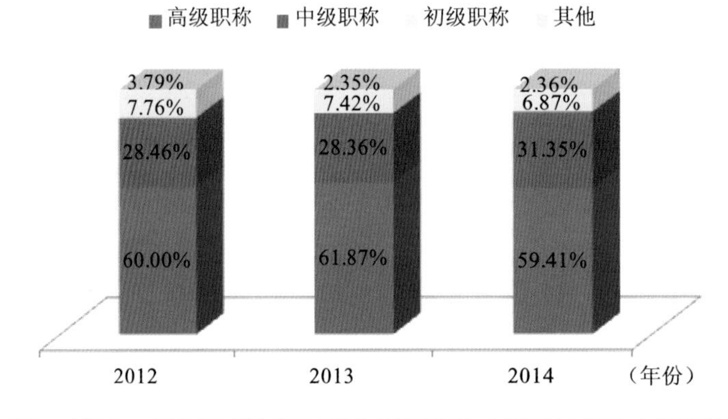

图2-55　2012—2014年我国高校涉海科研机构中的科技活动人员职称结构

2012—2014年，我国高校涉海科研机构的科技经费投入不断增加（见图2-56），当年经费内部支出2014年相比2012年增加45.72%，其中的R&D经费支出2014年相比2012年增加36.67%。

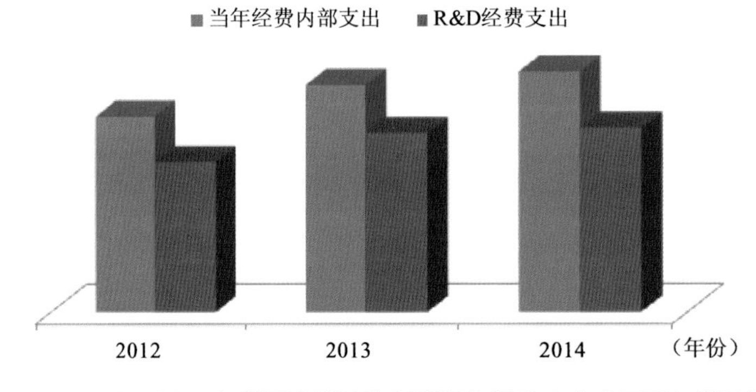

图2-56　2012—2014年我国高校涉海科研机构经费支出（万元）增长趋势

2012—2014年，我国高校涉海科研机构承担项目总数逐渐增加（见图2-57），2014年相比2012年增加24.90%。

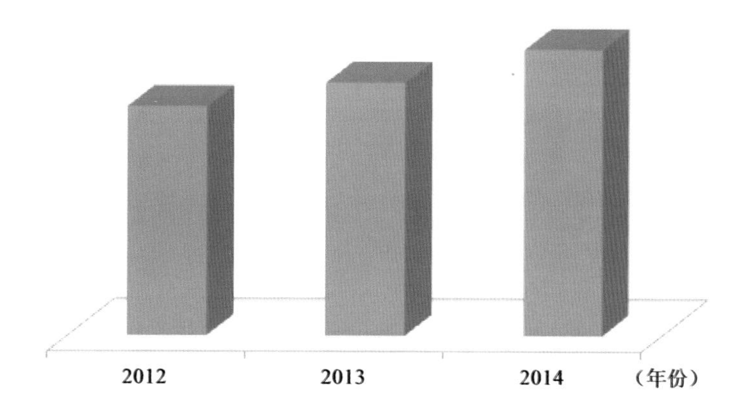

图2-57　2012—2014年我国高校涉海科研机构承担项目数量（项）增加趋势

2012—2014年，我国高校涉海科研机构的固定资产原值逐年增加（见图2-58），2014年相比2012年增加20.23%。其中，仪器设备原值2014年相比2012年增加22.43%，进口的仪器设备原值2014年相比2012年增加37.65%。

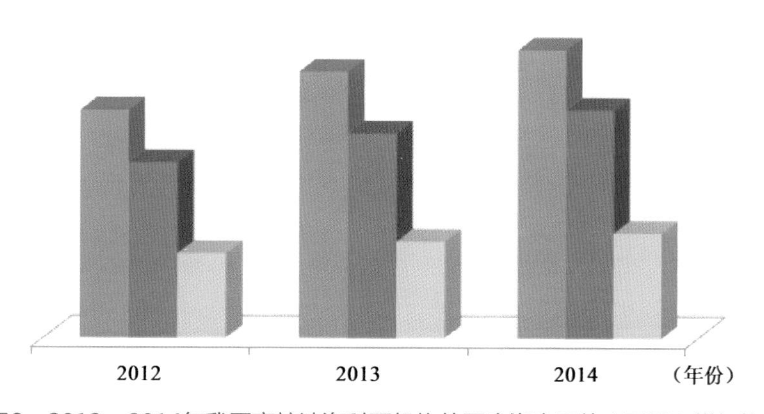

图2-58　2012—2014年我国高校涉海科研机构的固定资产原值（万元）增加趋势

（六）海洋科技对经济发展贡献稳步增强

近年来，海洋创新方面的一系列工作扎实推进，一大批成果走上前台，全面推动了海洋事业发展进程。在此进程中，海洋科技服务海洋经济社会发展的能力不断增强，科技创新促进成果转化的作用日益彰显。

海洋科技进步贡献率平稳增长。海洋科技进步贡献率是指海洋科技进步对海洋经济增长的贡献份额，它是度量海洋科技进步贡献大小的重要指标，也是衡量海洋科技竞争实力和海洋科技转化为现实生产力水平的综合性指标。《国家“十二五”海洋科学和技术发展规划纲要》明确提出“到2015年，海洋科技对海洋经济的贡献率达到60%以上”。根据历年《中国海洋统计年鉴》数据，基于加权改进的索洛余值法（测算过程见附录五和附录六），测算我国“十一五”期间（2006—2010年）及“十二五”前期海洋科技进步贡献率（见表2-2）。

表2-2　我国海洋科技进步贡献率（%）

年份	产出增长率	资本增长率	劳动增长率	海洋科技进步贡献率
2006—2010	12.86	10.10	4.05	54.4
2006—2014	11.32	6.90	2.92	63.7

从表2-2可以看出，“十一五”期间我国海洋科技进步贡献率为54.4%，2006—2014年达到63.7%。也就是说，2006—2014年期间我国海洋生产总值以平均13.89%的速度增长，其中有63.7%来自海洋科技进步的贡献。根据“十一五”以来我国海洋经济发展态势以及劳动投入、资本投入及产出状况进行分析推算，《国家“十二五”海洋科学和技术发展规划纲要》提出的目标有望如期实现。

海洋科技成果转化能力发展良好。海洋科技成果转化率是指进行自我转化或进行转化生产，处于投入应用或生产状态，并达到成熟应用的海洋科技成果占全部海洋科技应用成果的百分率。海洋科技成果能否迅速而有效地转化为现实生产力，是一个国家海洋事业发展和腾飞的关键与标志。加快海洋科技成果向现实生产力转化，促进新产品、新技术的更新换代和推广应用，是海洋科技进步工作的中心环节，也是促进海洋经济发展由粗放型向集约型转变的关键所在。《全国海洋经济发展“十二五”规划》提出“2015年海洋科技成果转化率达到50%以上”。根据科技部海洋科技统计和海洋科技成果登记数据，2000—2014年海洋科技成果转化率达到49.8%（测算过程见附录七）。

三、国家海洋创新指数评估分析

国家海洋创新指数是一个综合指数，由海洋创新资源、海洋知识创造、海洋企业创新、海洋创新绩效、海洋创新环境5个分指数构成。考虑海洋创新活动的全面性和代表性以及基础数据的可获取性，本报告选取25个指标（指标体系见附录一），反映海洋创新的质量、效率和能力。

海洋创新资源分指数持续上升，2001—2014年期间年均增速为7.60%；其中，“研究与发展经费投入强度”与“研究与发展人力投入强度”两个指标的年均增速分别为16.86%与12.68%，是拉动海洋创新资源分指数上升的主要力量。

海洋知识创造分指数增长强劲，年均增速达到21.82%；“亿美元经济产出的发明专利申请数”和“万名R&D人员的发明专利授权数”两个指标增长较快，年均增速分别达33.12%和31.78%，高于其他指标值，成为推动海洋知识创造上升的主导力量。

海洋企业创新分指数在5个分指数中增长态势最为迅猛，年均增速达到66.75%，这主要得益于2009年的飞跃式增长；其中“企业R&D经费与主要海洋产业增加值的比例”这一指标年均增速达到125.64%，是促进海洋企业创新分指数增长的首要因素。

海洋创新绩效分指数在5个分指数中增长较慢，年均增速仅为4.62%；“海洋劳动生产率”在创新绩效分指数的6个指标中增长较为稳定，年均增速为10.89%，对海洋创新绩效的增长起着积极的推动作用。

海洋创新环境分指数连续13年保持上升趋势，年均增速为11.66%，尤其在2008—2010年快速增长，这得益于其指标“沿海地区人均海洋生产总值”与“海洋专业大专及以上应届毕业生人数”的迅速增长。

国家海洋创新指数显著上升，海洋创新能力大幅提高。设定2001年我国的国家海洋创新指数基数值为100，则2014年国家海洋创新指数为753，2001—2014年期间国家海洋创新指数的年均增速为21.91 %。

（一）海洋创新资源分指数评估

海洋创新资源能够反映一个国家对海洋创新活动的投入力度。创新型人才资源供给能力以及创新所依赖的基础设施投入水平，是国家海洋持续开展创新活动的基本保障。海洋创新资源分指数采用如下5个指标：①研究与发展经费投入强度；②研究与发展人力投入强度；③科技活动人员中高级职称所占比重；④科技活动人员占海洋科研机构从业人员的比重；⑤万名科研人员承担的课题数。通过以上指标，从资金投入、人力投入等角度对我国海洋创新资源投入和配置能力进行评估。

1. 海洋创新资源分指数升势趋稳

2014年海洋创新资源分指数得分为239（见表3-1），与2013年持平，2001—2014年的年均增速为7.60%。从历史变化情况来看，2007年与2009年海洋创新资源分指数的涨幅最为明显，年增长速率分别为42.24%与31.11%；2009年以后，海洋创新资源分指数在小范围内波动增长，至2014年到达最高值。

表3-1　海洋创新资源分指数及其指标得分

年份	分指数	指标				
	海洋创新资源	研究与发展经费投入强度	研究与发展人力投入强度	科技活动人员中高级职称所占比重	科技活动人员占海洋科研机构从业人员的比重	万名科研人员承担的课题数
	B_1	C_1	C_2	C_3	C_4	C_5
2001	100	100	100	100	100	100
2002	104	115	94	105	99	106
2003	107	123	88	104	100	120
2004	108	109	93	107	103	127
2005	109	102	87	112	103	140
2006	110	104	85	112	104	145
2007	156	217	173	114	108	171
2008	162	229	179	111	111	178
2009	212	435	263	106	110	144

续表3-1

年份	分指数	指标				
	海洋创新资源	研究与发展经费投入强度	研究与发展人力投入强度	科技活动人员中高级职称所占比重	科技活动人员占海洋科研机构从业人员的比重	万名科研人员承担的课题数
	B_1	C_1	C_2	C_3	C_4	C_5
2010	209	403	264	111	114	152
2011	214	410	286	110	111	151
2012	219	417	293	113	113	159
2013	239	484	339	103	113	153
2014	239	470	338	111	115	160

2. 指标变化各有特点

从海洋创新资源的5个指标得分的变化趋势来看（见图3-1和图3-2），有2个指标呈快速上升趋势，2个指标基本持平，1个指标虽整体呈现增长态势但具有阶段性。其中，“研究与发展经费投入强度”波动幅度最大，其次是“研究与发展人力投入强度”指标，2001—2014年，2个指标均呈现增长态势，年均增速分别为16.86%和12.68%，是拉动海洋创新资源分指数整体上升的主要力量。但是，2014年2个指标得分均比2013年略低。

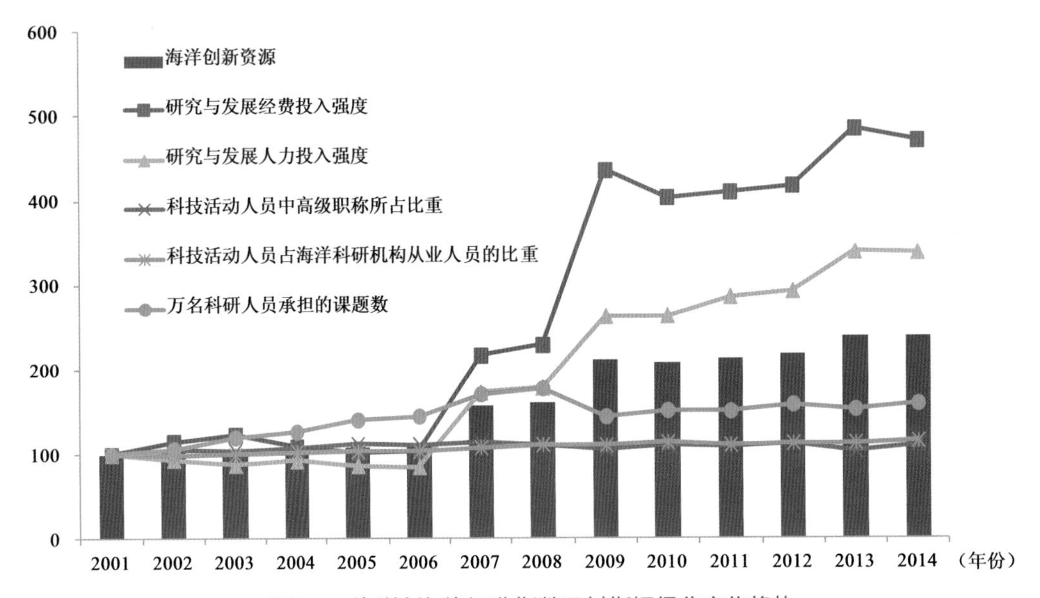

图3-1　海洋创新资源分指数及其指标得分变化趋势

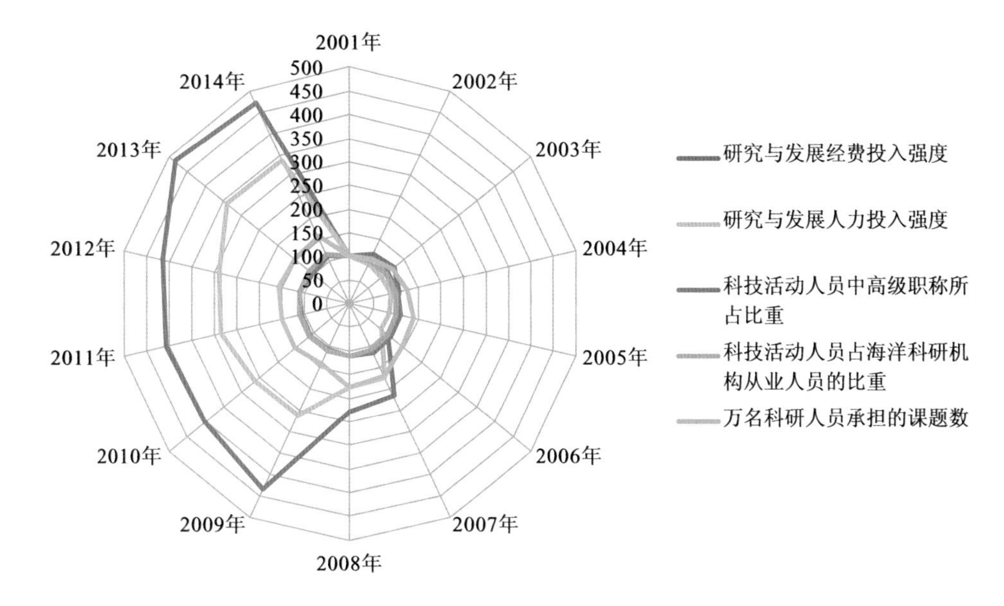

图3-2 海洋创新资源分指数及其指标得分对比分析

指标“科技活动人员中高级职称所占比重”反映一个国家海洋科技活动的顶尖人才力量，“科技活动人员占海洋科研机构从业人员的比重”能够反映一个国家海洋创新活动科研力量的强度。2个指标自2001年以来，增速基本持平，2001—2014年期间年均增长速度分别为0.92%和1.13%，增长缓慢，趋于平稳。

指标“万名科研人员承担的课题数”能够反映海洋科研人员从事海洋创新活动的强度。其变化趋势以2009年为界，2001—2008年期间为稳定上涨趋势，年均增长速度为8.67%，2009年出现负增长，之后保持稳定增长态势，直至2014年得分较高，但仍未超过2008年。2010—2014年期间，该指标年均增速为4.03%。

（二）海洋知识创造分指数评估

海洋知识创造是创新活动的直接产出，能够反映一个国家海洋领域的科研产出能力和知识传播能力。海洋知识创造分指数选取如下5个指标：①亿美元经济产出的发明专利申请数；②万名R&D人员的发明专利授权数；③本年出版科技著作；④万名科研人员发表的科技论文数；⑤国外发表的论文数占总论文数的比重。通过以上指标论证我国海洋知识创造的能力和水平，既能反映科技成果产出效应，又综合考虑了发明专利、科技论文、科技著作等各种成果产出。

1. 海洋知识创造分指数迅速增长

从海洋知识创造分指数及其增长率来看（见表3-2和图3-3），我国的海洋知识创造分指数增长迅速，从2001年的100增长至2014年的1085，年均增速达21.82%。从图3-3可看出，海洋知识创造分指数增长大致划分为两个阶段：以2008年为界，第一个阶段是2008年之前，海洋知识创造呈现相对缓慢的上升趋势，年均增长速度为19.63%，处于低速增长阶段；第二个阶段是2008年以后，分指数迅速增长，2009—2014年的年均增长速度达到24.37%，处于高速增长阶段，2009年分指数的年增长速度达到峰值92.25%。

表3-2　海洋知识创造分指数及其指标得分

年份	分指数	指标				
	海洋知识创造	亿美元经济产出的发明专利申请数	万名R&D人员的发明专利授权数	本年出版科技著作	万名科研人员发表的科技论文数	国外发表的论文数占总论文数的比重
	B_2	C_6	C_7	C_8	C_9	C_{10}
2001	100	100	100	100	100	100
2002	126	156	133	125	115	103
2003	170	282	196	143	131	97
2004	213	278	373	160	142	108
2005	237	241	463	191	174	117
2006	239	207	534	132	184	139
2007	303	339	452	268	247	208
2008	340	414	552	291	244	202
2009	654	1 229	1 139	519	208	177
2010	717	1 515	1 178	479	196	219
2011	777	1 477	1 461	528	201	215
2012	917	1 539	1 958	651	210	225
2013	1 064	1 920	2 144	768	198	292
2014	1 085	1 729	2 547	651	196	302

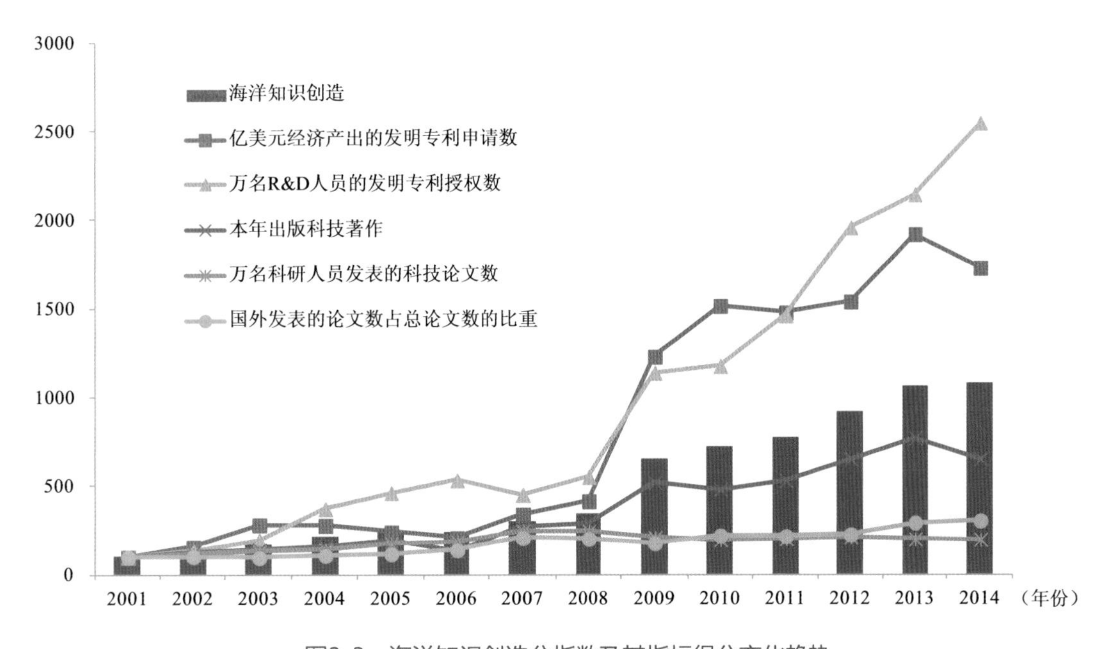

图3-3　海洋知识创造分指数及其指标得分变化趋势

2. 指标的贡献不一

从海洋知识创造5个指标的变化趋势来看（见图3-4），“亿美元经济产出的发明专利申请数”和“万名R&D人员的发明专利授权数”2个指标波动幅度最大，尤其在2008—2009年，上述2个指标增长迅猛，分别由2008年的414和552上升至2009年的1229和1139，年增速分别达197.04%和106.50%，其他年份2个指标呈现小幅波动。总体来看，2001—2014年，2个指标呈现平稳且相对较快的增长，年均增长速度分别达33.12%和31.78%。2个指标得分远高于其他指标值，成为推动海洋知识创造上升的主导力量。

2001—2014年间，“本年出版科技著作”指标呈现平稳增长态势，年均增长率为19.85%。其中，2001—2005年，该指标以17.59%的年均增长速度缓慢增长，2006年略微下降；2006—2007年和2008—2009年，是此项指标的快速上升阶段，也是其增长最快的两个阶段，年增长速度分别为102.86%和78.57%；2009年以后，“本年出版科技著作”指标得分逐渐增大，但是2014年得分低于2013年得分，与2012年得分持平。

“万名科研人员发表的科技论文数”即平均每万名科研人员发表的科技论文数，反映了科学研究的产出效率。“国外发表的论文数占总论文数的比重”是指一国发表的科技论文中国外发表论文的比重，反映了科技论文的对外普及程度。2001—2014年期间，2个指标得分增长相对缓慢，年均增长速度分别为6.04%和10.00%。

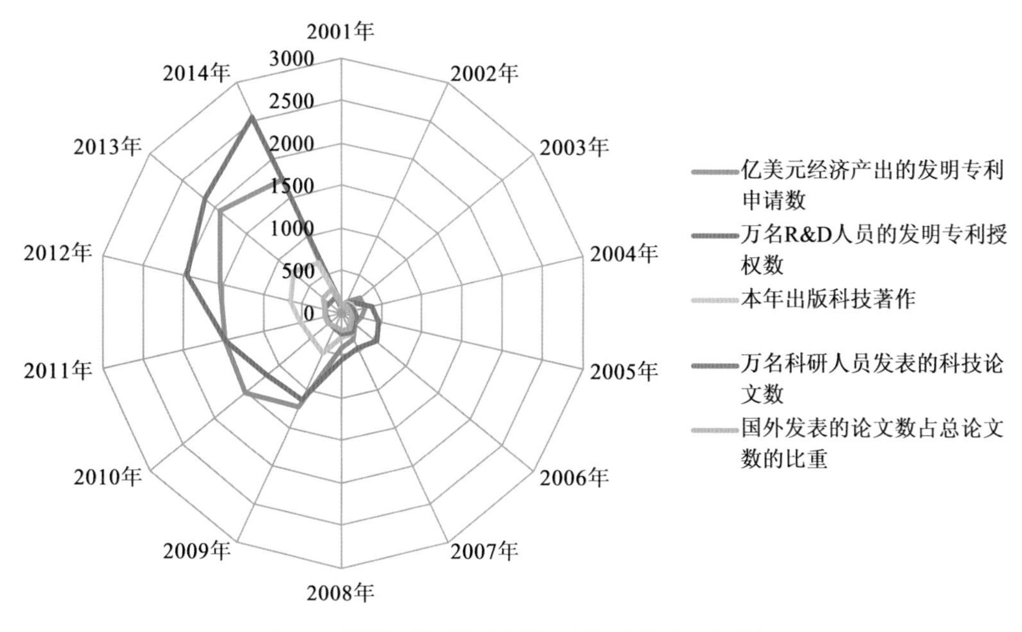

图3-4　海洋知识创造分指数及其指标得分对比分析

（三）海洋企业创新分指数评估

企业是开展创新活动的重要主体，也是国家创新体系的重要组成部分。海洋企业创新的规模和质量，在很大程度上能够表明一个国家的海洋创新能力与水平。海洋企业创新分指数选取如下5个指标：①企业发明专利授权数占总发明专利授权数比重；②企业R&D经费与主要海洋产业增加值的比例；③万名企业R&D人员的发明专利授权数；④海洋综合技术自主率；⑤企业R&D人员占R&D人员总量比重。

1. 海洋企业创新分指数迅猛增长

从海洋企业创新分指数及其增长率来看（见表3-3和图3-5），我国的海洋企业创新分指数增长迅猛，从2001年的100增长至2014年的1867，年均增速达66.75%，是5个分指数中增长幅度最大的分指数。从图3-5可看出，海洋企业创新分指数增长大致划分为两个阶段：以2008年为界，第一个阶段是2008年之前，海洋企业创新呈现相对缓慢的上升趋势，年均增长速度为9.11%，处于低速增长阶段；第二个阶段是2008年以后，海洋企业创新分指数迅速增长，2009—2014年的年均增长速度达到133.99%，处于高速增长阶段，2009年分指数的年增长速度达到峰值782.40%。

表3-3　海洋企业创新分指数及其指标得分

年份	分指数	指标				
	海洋企业创新	企业发明专利授权数占总发明专利授权数比重	企业R&D经费与主要海洋产业增加值的比例	万名企业R&D人员的发明专利授权数	海洋综合技术自主率	企业R&D人员占R&D人员总量比重
	B_3	C_{11}	C_{12}	C_{13}	C_{14}	C_{15}
2001	100	100	100	100	100	100
2002	101	74	128	80	99	124
2003	137	100	195	111	102	177
2004	156	81	247	160	101	189
2005	149	66	222	182	106	168
2006	142	70	136	245	104	153
2007	176	73	323	257	98	128
2008	173	60	325	288	80	115
2009	1 530	547	5 042	1 563	100	399
2010	1 535	553	5 045	1 560	98	417
2011	1 467	518	4 500	1 804	95	419
2012	1 518	519	4 144	2 401	101	423
2013	1 788	588	4 800	3 034	101	415
2014	1 867	612	4 211	4 023	103	387

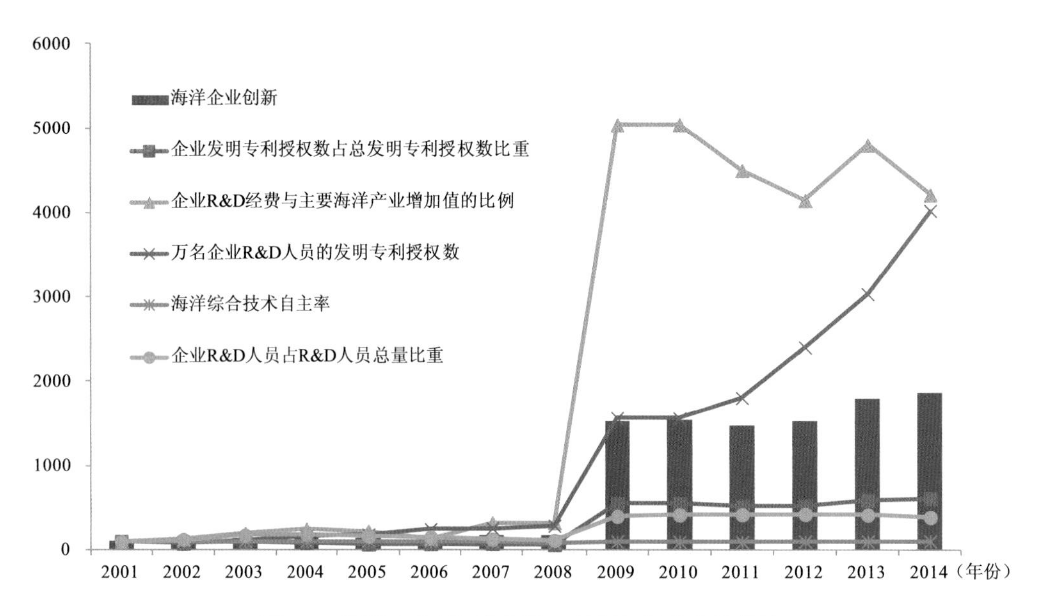

图3-5　海洋企业创新分指数及其指标得分变化趋势

2. 指标贡献不尽相同

从海洋企业创新5个指标的变化趋势来看（见图3-6），“企业R&D经费与主要海洋产业增加值的比例”和“万名企业R&D人员的发明专利授权数”2个指标波动幅度最大，尤其在2008—2009年，上述2个指标增长迅猛，分别由2008年的325和288上升至2009年的5042和1563，其他年份2个指标呈现小幅波动现象。总体来看，2001—2014年，2个指标呈现迅速增长，年均增长速度分别达125.64%和52.28%。2个指标得分远高于其他指标值，成为促进海洋企业创新分指数增长的主要力量。

2001—2014年间，“企业发明专利授权数占总发明专利授权数比重”指标增长迅速，年均增长率为60.86%。和海洋企业创新其他4个指标一样，都在2008—2009年增长最为迅猛，由2008年的60上升至2009年的547，是拉动海洋企业创新分指数上升的重要因素。

“海洋综合技术自主率”采用我国海洋科研机构经常费收入中来自企业的技术性收入占总技术性收入比重与国内专利授权数占本年专利授权数比重的平均值，反映我国海洋产业技术自给能力。2001—2014年间，“海洋综合技术自主率”指标呈现小幅波动，2008年得分最低，之后稳步上升，但2011年又有所下降，直至2014年

上升至103，增长幅度偏低。总体来说，该指标趋于稳定，年均增长速度为0.61%，增长缓慢。

2001—2014年间，“企业R&D人员占R&D人员总量比重”指标增长较为迅速，年均增长率为20.91%。

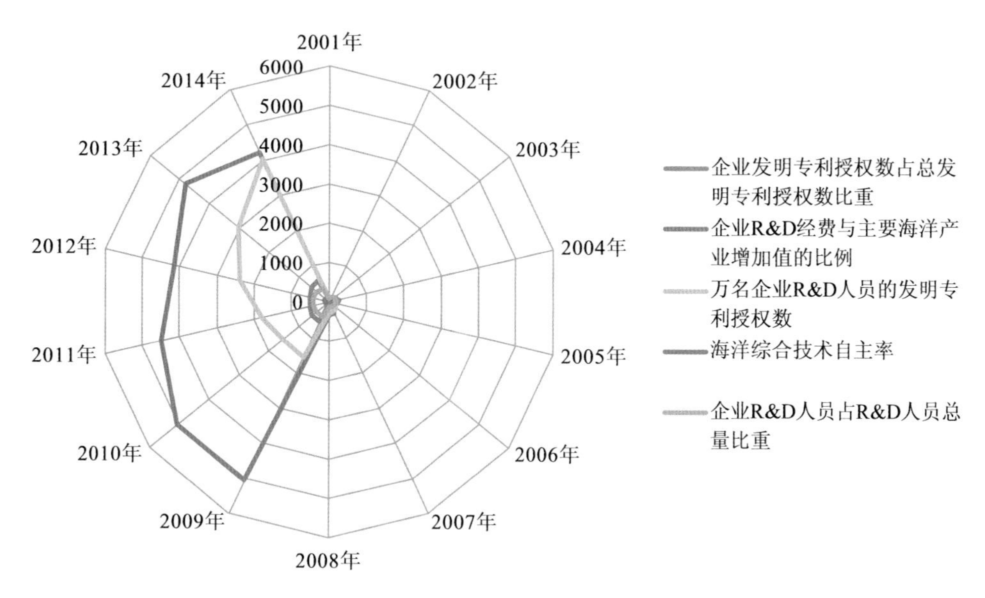

图3-6 海洋企业创新分指数及其指标得分对比分析

（四）海洋创新绩效分指数评估

海洋创新绩效能够反映一个国家开展海洋创新活动所产生的效果和影响。海洋创新绩效分指数选取如下6个指标：①海洋科技成果转化率；②海洋科技进步贡献率；③海洋劳动生产率；④科研教育管理服务业占海洋生产总值的比重；⑤单位能耗的海洋经济产出；⑥海洋生产总值占国内生产总值的比重。通过以上指标，反映我国海洋创新活动所带来的效果和影响。

1. 海洋创新绩效分指数有序上升

表3-4是海洋创新绩效分指数及其指标的历年得分。从分指数得分情况看，我国的海洋创新绩效分指数得分从2001年的100增长至2014年的179，呈现平稳的增长态势，年均增长速度为4.62%，在5个分指数中增长最为缓慢。

表3-4　海洋创新绩效分指数及其指标得分

年份	分指数	指标					
	海洋创新绩效	海洋科技成果转化率	海洋科技进步贡献率	海洋劳动生产率	科研教育管理服务业占海洋生产总值的比重	单位能耗的海洋经济产出	海洋生产总值占国内生产总值的比重
	B_4	C_{16}	C_{17}	C_{18}	C_{19}	C_{20}	C_{21}
2001	100	100	100	100	100	100	100
2002	108	113	109	110	94	112	108
2003	105	123	94	108	101	103	101
2004	106	130	70	124	100	109	106
2005	111	137	64	141	96	118	110
2006	120	142	76	162	92	132	115
2007	124	146	74	180	91	144	111
2008	134	150	89	204	92	161	109
2009	138	154	84	219	94	166	109
2010	148	157	80	261	85	192	114
2011	158	160	94	294	84	207	111
2012	166	162	100	319	86	219	111
2013	171	165	96	342	87	229	110
2014	179	167	101	378	92	225	110

2. 指标变化趋势稳定

“海洋科技成果转化率”是衡量海洋科技转化为现实生产力水平的重要指标。2001—2014年期间我国海洋科技成果转化率保持上升趋势，年均增长速度为4.10%。总体来说，2010年以前我国海洋科技成果转化率的增长较为明显，2010年以后趋于稳定（见图3-7）。

“海洋科技进步贡献率”指标总体波动范围不大，2001—2014年期间我国海洋科技进步贡献率稳中有升。

“海洋劳动生产率”采用海洋科技人员的人均海洋生产总值，反映海洋创新活动对海洋经济产出的作用。2001—2014年间，“海洋劳动生产率”指标迅速增长，年均增长速度为10.89%，是创新绩效分指数的6个指标中增长最快最稳定的指标（见图3-7和图3-8）。

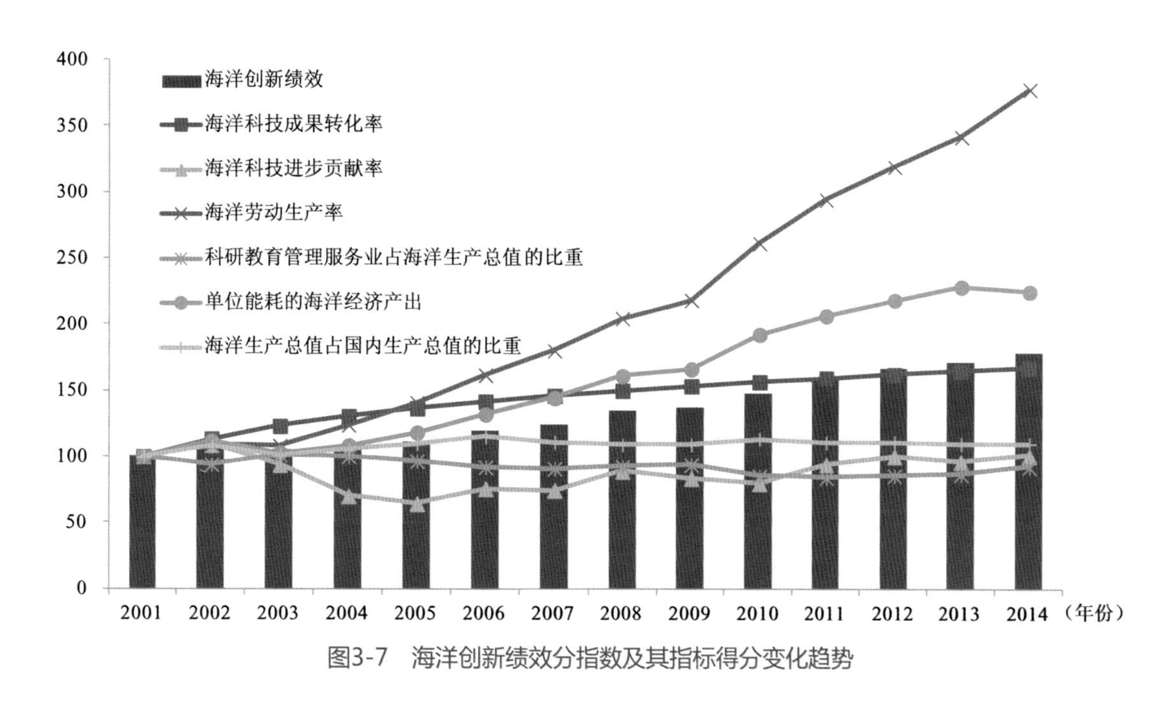

图3-7　海洋创新绩效分指数及其指标得分变化趋势

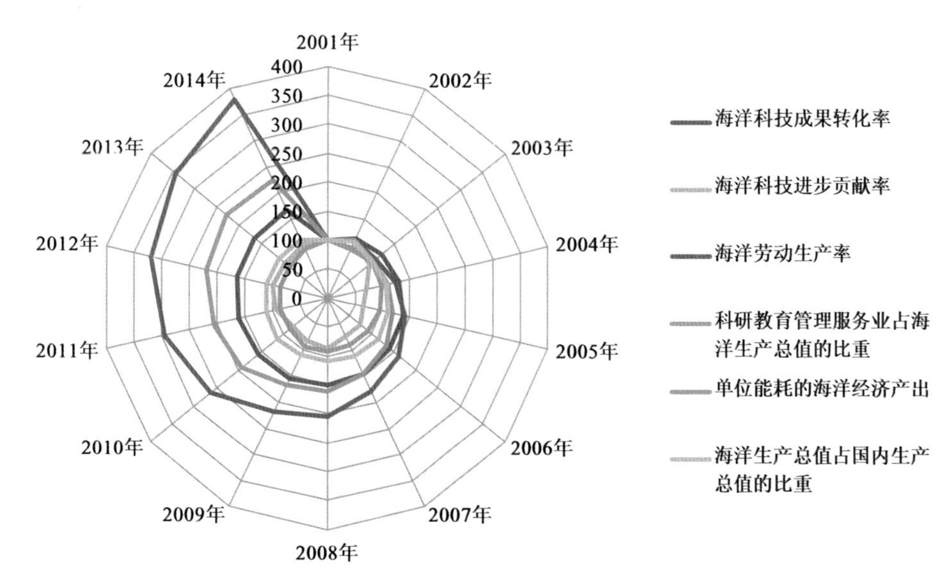

图3-8　海洋创新绩效分指数及其指标得分对比分析

“科研教育管理服务业占海洋生产总值的比重”能够反映海洋科研、教育、管理及服务等活动对海洋经济的贡献程度，该指标自2001年起年均降速为0.50%。表明海洋科研、教育和管理服务等活动，对海洋经济的贡献程度呈现相对下降趋势。

“单位能耗的海洋经济产出”采用万吨标准煤能源消耗的海洋生产总值，测度海洋创新带来的减少资源消耗的效果，也反映出一个国家海洋经济增长的集约化水平。2001—2014年间，“单位能耗的海洋经济产出”指标增长迅速，年均增长速度为6.62%，呈现稳定的增长态势。

“海洋生产总值占国内生产总值的比重”反映海洋经济对国民经济的贡献，用来测度海洋创新对海洋经济的推动作用。图3-7和图3-8表明，该指标变化不明显，得分较为稳定，增长速度缓慢，2001—2014年期间的年均增速0.80%。

（五）海洋创新环境分指数评估

海洋创新环境包括创新过程中的硬环境和软环境，是提升我国海洋创新能力的重要基础和保障。海洋创新环境分指数反映一个国家海洋创新活动所依赖的外部环境，主要是制度创新和环境创新。海洋创新环境分指数选取如下4个指标：①沿海地区人均海洋生产总值；②R&D经费中设备购置费所占比重；③海洋科研机构科技经费筹集额中政府资金所占比重；④海洋专业大专及以上应届毕业生人数。

1. 海洋创新环境明显改善

2001—2014年，海洋创新环境分指数呈现稳步增长态势（见表3-5、图3-9和图3-10），得分由2001年的100上升至2014年的395，年均增速达到11.66%。整体可以分为两个阶段：2001—2008年的加速增长阶段和2009—2014年的稳步增长阶段。2008年，我国对海洋创新环境的重视程度不断提高，海洋创新环境分指数的增长速度加快，2001—2008年期间年均增速为11.03%；2008—2009年增速为47.48%，达到峰值；2009—2014年期间年均增速为12.38%。这主要得益于其指标“海洋专业大专及以上应届毕业生人数”的迅速增长，尤其是2008年以后，该指标增长迅猛，得分由2008年的309增长至2014年的819，2009年增长速度达到峰值106.97%，2009—2014年期间年均增速达22.36%。

表3-5　海洋创新环境分指数及其指标历年得分

年份	分指数	指标			
	海洋创新环境	沿海地区人均海洋生产总值	R&D经费中设备购置费所占比重	海洋科研机构科技经费筹集额中政府资金所占比重	海洋专业大专及以上应届毕业生人数
	B_5	C_{22}	C_{23}	C_{24}	C_{25}
2001	100	100	100	100	100
2002	108	118	109	96	111
2003	117	124	108	81	157
2004	126	150	121	63	171
2005	139	180	121	64	191
2006	158	215	129	62	228
2007	193	255	180	70	267
2008	207	292	157	69	309
2009	305	314	216	51	639
2010	335	379	152	49	761
2011	363	433	123	49	847
2012	379	490	128	53	846
2013	391	528	115	55	866
2014	395	587	117	57	819

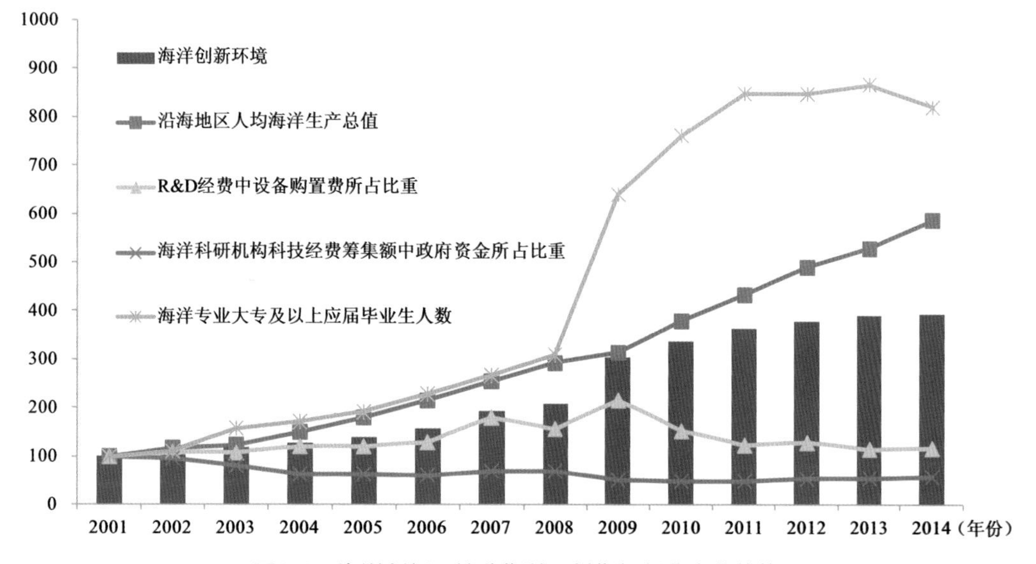

图3-9　海洋创新环境分指数及其指标得分变化趋势

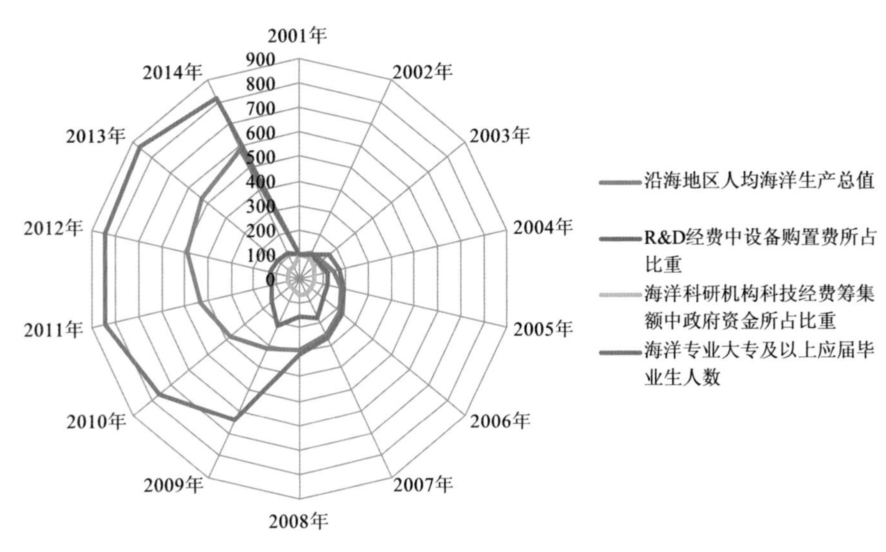

图3-10　海洋创新环境分指数及其指标得分对比分析

2. 优势指标与劣势指标并存

海洋创新环境分指数的指标中，一直保持上升趋势的指标是“沿海地区人均海洋生产总值”和“海洋专业大专及以上应届毕业生人数”。其中，“沿海地区人均海洋生产总值”得分呈现明显的上升趋势，年均增速为14.71%，在4个指标中，该指标与海洋创新环境分指数的得分和走势都最为接近。从“海洋专业大专及以上应届毕业生人数”来看，2014年此项指标得分是2001年的8.19倍，年均增速达19.95%，在4个指标中增长最快。

相对劣势指标为“R&D经费中设备购置费所占比重”和“海洋科研机构科技经费筹集额中政府资金所占比重”。“R&D经费中设备购置费所占比重”得分有一定的波动，总体呈下滑趋势，最高值出现在2009年，之后逐渐下降，得分由2009年的216下降至2014年的117。“海洋科研机构科技经费筹集额中政府资金所占比重”得分整体呈现下滑趋势，得分由2001年的100降至2014年的57。

（六）海洋创新指数综合评估

1. 国家海洋创新指数显著上升

将2001年我国的国家海洋创新指数定为基数100，则2014年国家海洋创新指数达到最高值753，2001—2014年期间，年均增长速度为21.91%（见图3-11）。

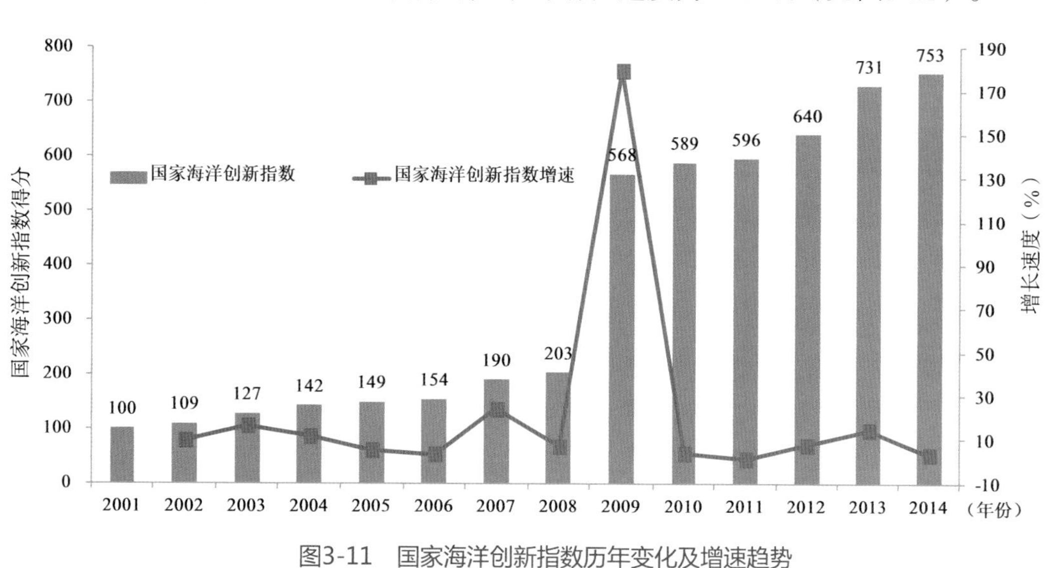

图3-11　国家海洋创新指数历年变化及增速趋势

2001—2014年期间国家海洋创新指数保持持续上升的趋势，增长速度出现不同程度的波动，最为突出的是2009年出现波峰，国家海洋创新指数由2008年的203增长为2009年的568，增长速度达到峰值179.30%，主要是因为2008年国际金融危机下，我国采取了有效措施进行应对，尤其是在海洋方面取得显著效果。以2009年为界，2001—2008年，国家海洋创新指数保持平稳上升趋势，年均增长速度为10.86%；而2009年及以后，即2009—2014年，国家海洋创新指数一直保持在500以上，进入高速增长态势，指数的年均增速提高为34.81%。

2. 国家海洋创新指数与5个分指数关系密切

5个分指数对国家海洋创新指数的影响各不相同，呈现不同程度的上升态势（见表3-6和图3-12）。海洋创新资源分指数与国家海洋创新指数变化趋势较为接近，仅在2010年海洋创新资源分指数出现负向波动。海洋知识创造分指数得分值明显高于国家海洋创新指数，说明海洋知识创造分指数对国家海洋创新指数有较大的正贡献。海洋企业创新分指数得分值远远高于国家海洋创新指数，说明海洋企业创新分指数对国家海洋创新指数有很大的正贡献。海洋创新绩效分指数与国家海洋创新指数变化趋势的差异最大，分指数基本呈现平稳缓慢的线性增长，年度增长速度出现小范围波动，与国家海洋创新指数的增长速度有较大差异。海洋创新环境分指数，在2001—2008年期间与国家海洋创新指数分值和趋势最为接近，2009—2014年间其值比国家海洋创新指数要低，但是趋势变化仍较接近。

表3-6　国家海洋创新指数和各分指数变化

年份	综合指数	分指数				
	国家海洋创新指数	海洋创新资源	海洋知识创造	海洋企业创新	海洋创新绩效	海洋创新环境
	A	B_2	B_2	B_3	B_4	B_5
2001	100	100	100	100	100	100
2002	109	104	126	101	108	108
2003	127	107	170	137	105	117
2004	142	108	213	156	106	126
2005	149	109	237	149	111	139
2006	154	110	239	142	120	158
2007	190	156	303	176	124	193
2008	203	162	340	173	134	207
2009	568	212	654	1 530	138	305
2010	589	209	717	1 535	148	335
2011	596	214	777	1 467	158	363
2012	640	219	917	1 518	166	379
2013	731	239	1 064	1 788	171	391
2014	753	239	1 085	1 867	179	395

2001—2014年，我国海洋创新资源分指数平均增速为7.60%，除2010年出现1.50%的负增长外（见表3-7），其余各年增速均呈现正增长，充分体现了我国海洋创新资源投入持续增加的发展态势。

海洋知识创造分指数对我国海洋创新能力大幅提升的贡献不小，年均增速达到21.82%，与国家海洋创新指数年均增速保持一致（见图3-13）。表明我国的海洋科研能力迅速增强，海洋知识创造及其转化运用为海洋创新活动提供了强有力的支撑。海洋知识创造能力的提高为增强国家原始创新能力、提高自主创新水平提供了重要支撑。

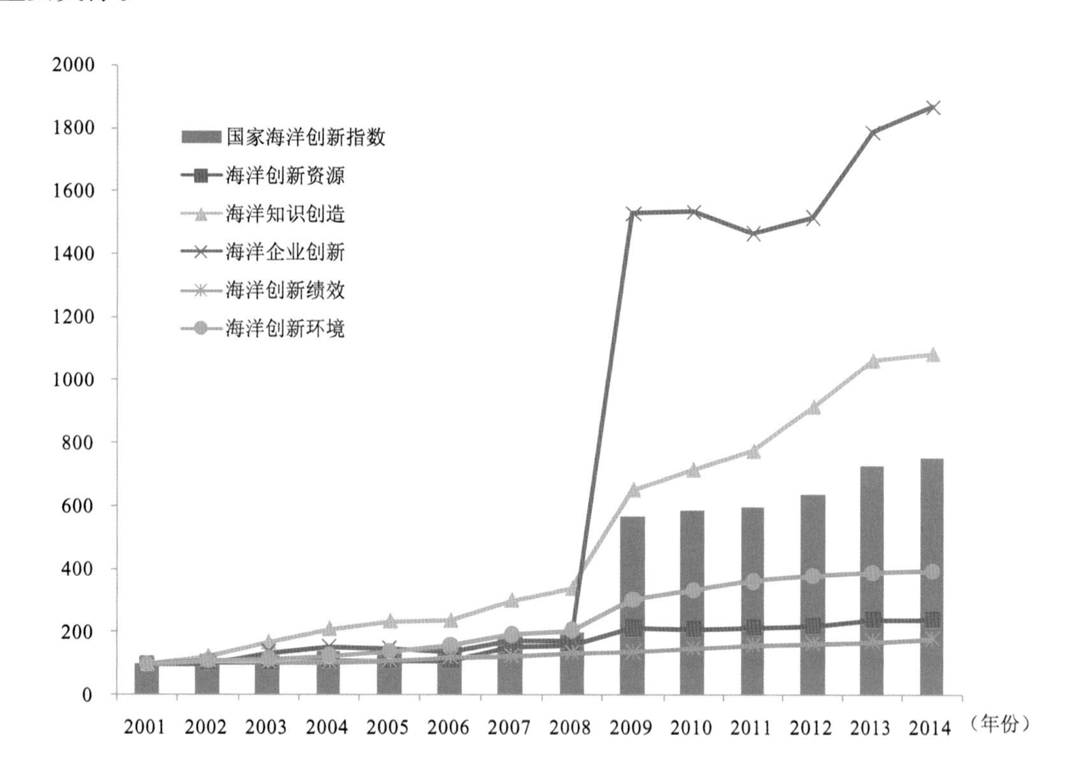

图3-12　国家海洋创新指数及其分指数历年变化趋势

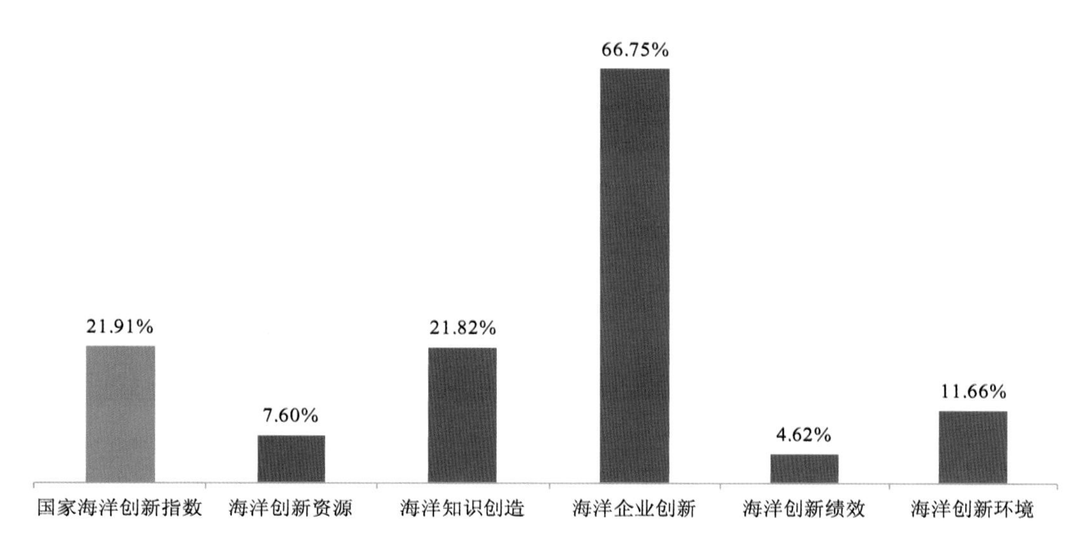

图3-13　2001—2014年国家海洋创新各分指数的增速比较

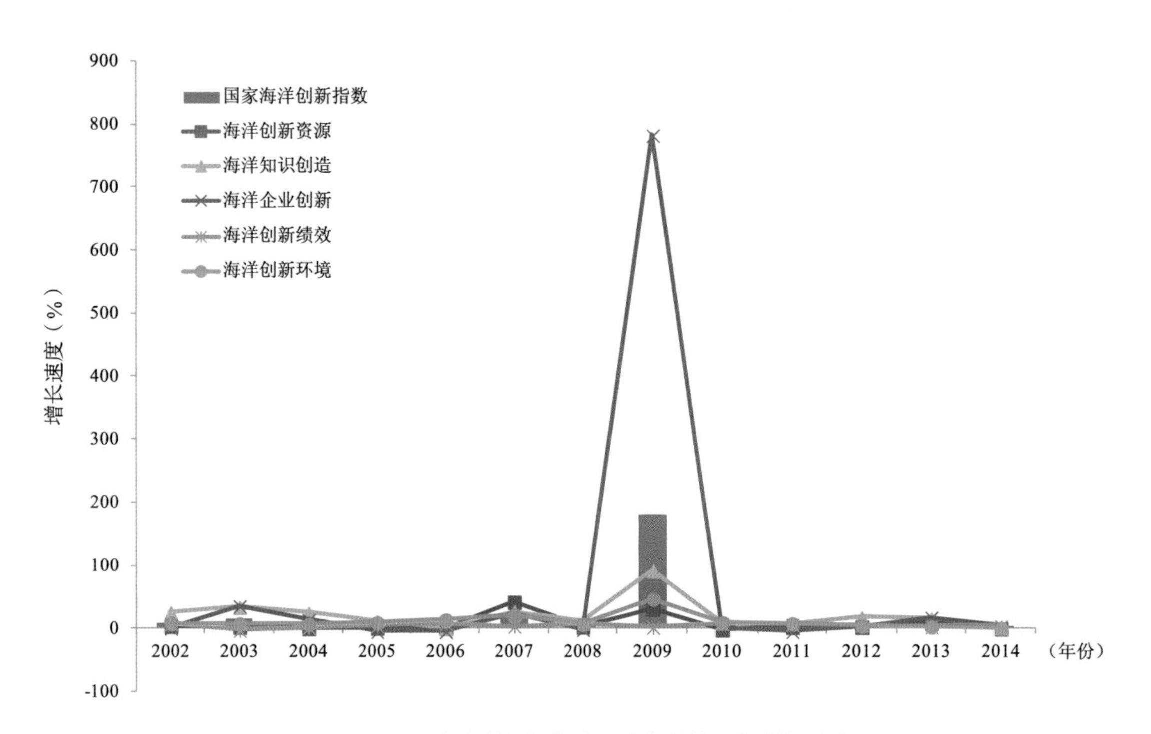

图3-14　国家海洋创新指数及分指数的历年增长速度

我国海洋创新能力大幅提升的过程中，海洋企业创新分指数的贡献最大，年均增速达到66.75%，在5个分指数中最高（见图3-14）。表明我国的海洋企业创新能力迅速提高，为增强国家海洋创新水平提供了重要支撑。

促进海洋经济发展是开展海洋创新活动的最终目标，是进行海洋创新能力评估不可或缺的组成部分。从近年来的变化趋势来看，我国海洋创新绩效稳步提升。2001—2014年期间我国海洋创新绩效分指数年均增速达到4.62%，除2003年出现负增长外，其余各年均呈现正增长态势，增速最高值出现在2008年，为7.92%（见表3-7）。

海洋创新环境是海洋创新活动顺利开展的重要保障。自《国家“十二五”海洋科学和技术发展规划纲要》颁布实施以来，我国海洋创新的总体环境极大改善，海洋创新环境分指数一直呈上升趋势，2001—2014年的年均增速为11.66%（见表3-7），各年增速均呈现正增长，在5个分指数中位列第三（见图3-13）。

表3-7 国家海洋创新指数和分指数增长速度（%）

年份	综合指数	分指数				
	国家海洋创新指数	海洋创新资源	海洋知识创造	海洋企业创新	海洋创新绩效	海洋创新环境
	A	B_1	B_2	B_3	B_4	B_5
2001	–	–	–	–	–	–
2002	9.45	3.95	26.33	0.89	7.59	8.50
2003	16.23	2.90	34.48	35.76	−2.44	8.13
2004	11.41	0.61	25.12	13.77	1.40	7.62
2005	5.08	1.35	11.49	−4.46	4.29	9.93
2006	3.25	0.84	0.91	−4.77	7.74	14.15
2007	23.81	42.24	26.68	23.80	4.07	21.61
2008	6.77	3.27	12.37	−1.19	7.92	7.30
2009	179.30	31.11	92.25	782.40	2.37	47.48
2010	3.70	−1.50	9.60	0.28	7.78	9.97
2011	1.17	2.33	8.26	−4.39	6.81	8.25
2012	7.40	2.50	18.03	3.45	5.03	4.51
2013	14.21	9.07	16.13	17.77	3.14	3.09
2014	3.07	0.14	1.95	4.45	4.37	0.99
年均增速	21.91	7.60	21.82	66.75	4.62	11.66

四、区域海洋创新指数评估分析

区域海洋创新是国家海洋创新的重要组成部分，其发展深刻影响着国家海洋创新的格局。本报告对区域海洋创新的发展状况和特点进行分析，为我国海洋创新格局的优化提供数据基础和决策依据。

《推动共建丝绸之路经济带和21世纪海上丝绸之路的愿景与行动》中提出要“利用长三角、珠三角、海峡西岸、环渤海等经济区开放程度高、经济实力强、辐射带动作用大的优势”。从“一带一路”发展思路和我国沿海区域发展角度分析，我国沿海地区应积极优化海洋经济总体布局，实行优势互补、联合开发，充分发挥环渤海经济区、长江三角洲经济区、海峡西岸经济区、珠江三角洲经济区和环北部湾经济区五个经济区[①②]（海洋经济区的界定见附录九）的引领作用，推进形成我国北部、东部和南部三大海洋经济圈[③]（海洋经济圈的界定见附录九）。

从我国沿海省（市、区）的区域海洋创新指数来看，2014年，我国11个沿海省（市、区）可分为4个梯次：第一梯次为上海；第二梯次包括山东、广东和天津；第三梯次为江苏、福建、辽宁、浙江和河北；第四梯次为海南和广西。

从五个经济区的区域海洋创新指数来看，2014年，区域海洋创新较强的地区为珠江三角洲经济区、长江三角洲经济区以及环渤海经济区的大部，这些地区均有区域创新中心，而且呈现多中心的发展格局。

从三大海洋经济圈的区域海洋创新指数来看，2014年，我国海洋经济圈呈现北部、东部强而南部较弱的特点。北部海洋经济圈和东部海洋经济圈的区域海洋创新指数较高，表现出很强的原始创新能力，充分显示我国重要海洋人才集聚地和海洋经济产业重点发展区域的优势。

---

① 本次评估仅包括我国大陆11个沿海省（市、区），不包括我国香港、澳门、台湾。

② 环渤海经济区中纳入评估的沿海省（市、区）为辽宁、河北、山东、天津；长江三角洲经济区中纳入评估的沿海省（市、区）为江苏、上海、浙江；海峡西岸经济区中纳入评估的沿海省（市、区）为福建；珠江三角洲经济区中纳入评估的沿海省（市、区）为广东；环北部湾经济区中纳入评估的沿海省（市、区）为广西和海南。

③ 海洋经济圈分区依据是《全国海洋经济发展“十二五”规划》。北部海洋经济圈由辽东半岛、渤海湾和山东半岛沿岸及海域组成，即纳入评估的沿海省（市、区）包括天津、河北、辽宁和山东；东部海洋经济圈由江苏、上海、浙江沿岸及海域组成，即纳入评估的沿海省（市、区）包括江苏、浙江和上海；南部海洋经济圈由福建、珠江口及其两翼、北部湾、海南岛沿岸及海域组成，即纳入评估的沿海省（市、区）包括福建、广东、广西和海南。

（一）从沿海省（市、区）看我国区域海洋创新发展

1. 区域海洋创新梯次分明

整体来看，根据2014年区域海洋创新指数得分（见表4-1和图4-1），可将我国大陆11个沿海省（市、区）分为4个梯次（见图4-2）。

表4-1 2014年沿海省（市、区）区域海洋创新指数与分指数得分

沿海省（市、区）	综合指数	分指数			
	区域海洋创新指数 a	海洋创新资源 b_1	海洋知识创造 b_2	海洋创新绩效 b_3	海洋创新环境 b_4
上海	65.30	73.21	48.57	86.88	52.55
山东	53.28	54.22	47.97	52.00	58.95
广东	51.92	52.01	56.38	54.78	44.51
天津	51.05	62.17	18.59	74.65	48.80
江苏	44.41	73.10	29.78	41.26	33.51
福建	42.56	41.41	18.38	47.03	63.44
辽宁	42.45	56.92	58.11	30.15	24.60
浙江	32.96	45.23	19.21	34.66	32.75
河北	32.74	45.52	41.42	16.43	27.57
海南	26.68	20.00	2.47	52.94	31.32
广西	16.36	19.73	8.37	9.13	28.22

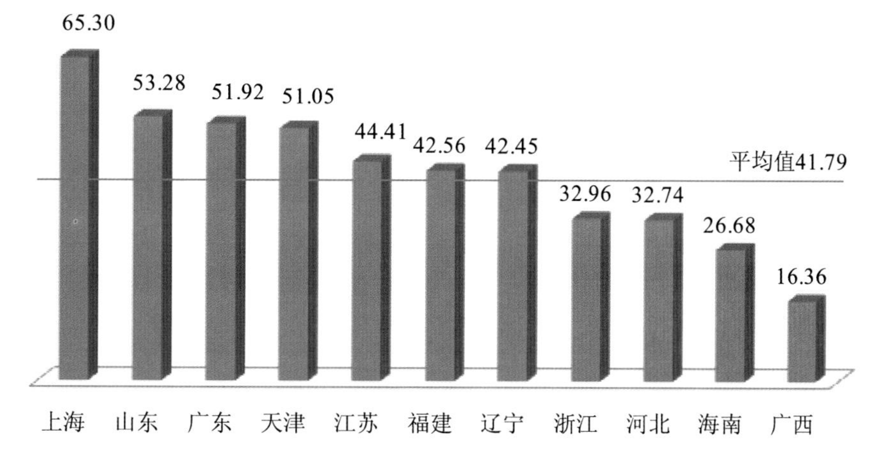

图4-1 2014年沿海省（市、区）区域海洋创新指数得分及平均分

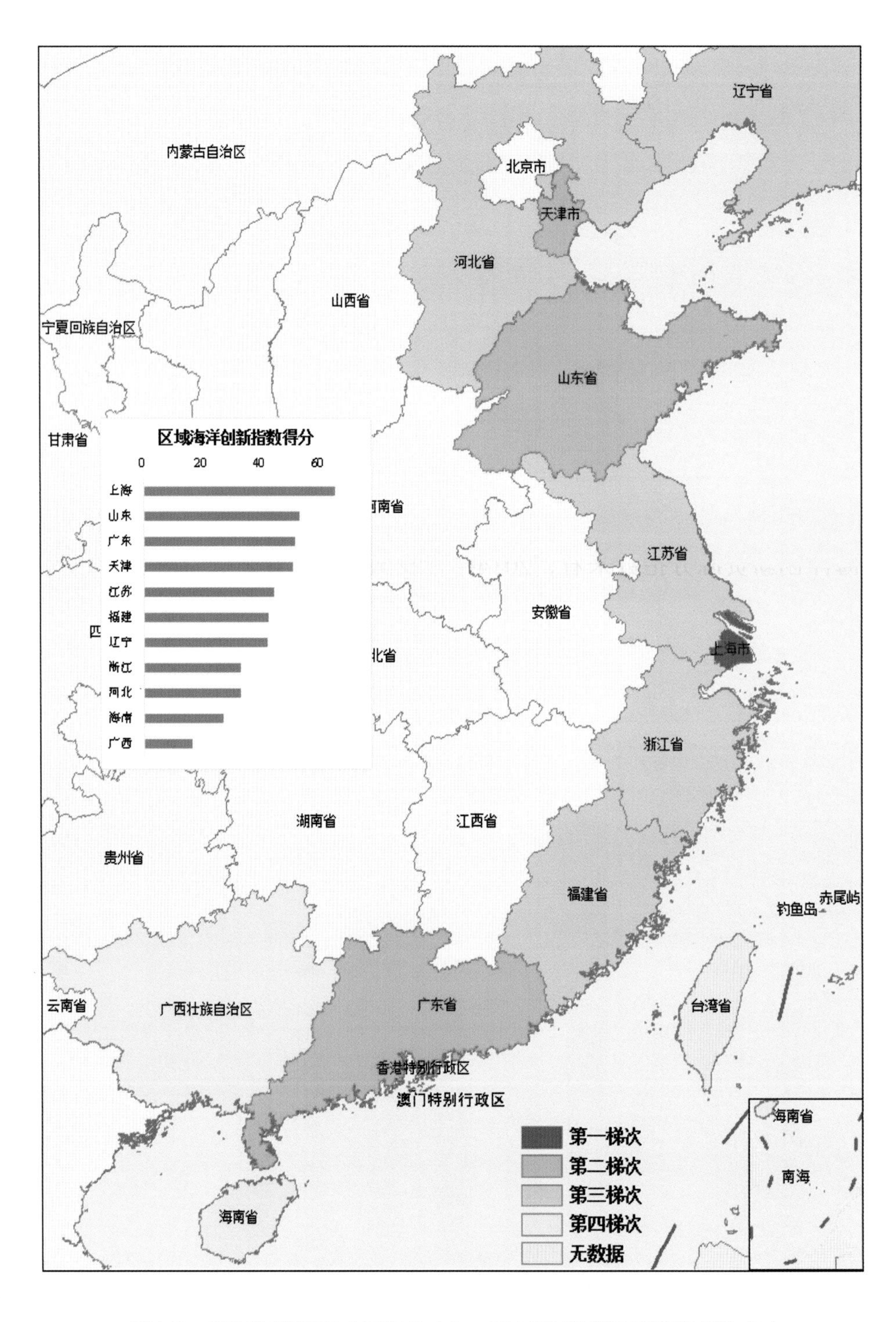

图4-2　2014年我国11个沿海省（市、区）区域海洋创新指数梯次分布

从区域海洋创新指数来看，第一梯次为上海，其区域海洋创新指数得分为65.30，相当于国内平均水平的1.56倍，位居我国大陆11个沿海省（市、区）首位。上海市海洋创新发展具备坚实的基础，表现出很强的海洋科技原始创新能力；第二梯次包括山东、广东和天津，其区域海洋创新指数得分分别为53.28、51.92、51.05，高于11个沿海省（市、区）的平均得分41.79。这些地区有一定的海洋创新基础，长期以来积累了大量的创新资源，创新环境较好，创新绩效显著；第三梯次为江苏、福建、辽宁、浙江和河北，其区域海洋创新指数得分分别为44.41、42.56、42.45、32.96、32.74，与平均分相近。这些地区近年来海洋经济发展较快，创新资源不断增多，创新环境明显改善，知识创造与创新绩效都进步较快；第四梯次为海南和广西，其区域海洋创新指数得分分别为26.68和16.36，远低于国家的平均水平。横向比较来看，海南和广西海洋创新资源薄弱，知识创造效率不高，创新环境有待改善。

从海洋创新资源分指数来看，2014年，我国区域海洋创新资源分指数得分超过平均分的沿海省（市、区）为上海、江苏、天津、辽宁、山东和广东（见图4-3）。其中，上海和江苏的区域海洋创新资源分指数得分分别为73.21和73.10，远高于其他地区，上海对经费和人力的投入强度均位于我国大陆11个沿海省（市、区）首位，而江苏则在科技活动人员的质量和科研人员平均承担的课题数上占绝对优势；天津、辽宁、山东和广东的区域海洋创新资源分指数得分分别为62.17、56.92、54.22、52.01，这主要得益于高质量海洋创新人才和人力资源投入。

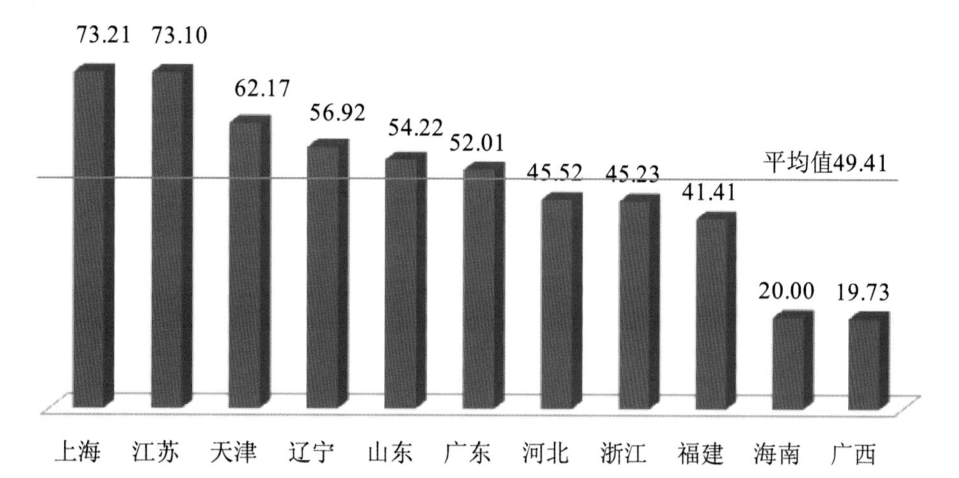

图4-3　2014年沿海省（市、区）区域海洋创新资源分指数得分及平均分

从海洋知识创造分指数来看，2014年，我国区域海洋知识创造分指数得分超过平均分的沿海省（市、区）为辽宁、广东、上海、山东、河北（见图4-4）。其中，辽宁的区域海洋知识创造分指数得分为58.11，远高于其他地区，这主要得益于海洋科技发明专利；广东的区域海洋知识创造分指数得分为56.38，这与广东高产出、高质量的海洋科技著作和论文密不可分；上海的区域海洋知识创造分指数得分为48.57，这得益于其密集的海洋科技发明专利；山东的区域海洋知识创造分指数得分为47.97，其中主要贡献来自海洋科技著作和论文；河北的区域海洋知识创造分指数得分为41.42，其在海洋科技著作和论文的发表量上位居我国大陆11个沿海省（市、区）前列，但专利数量和论文质量还有待提高。

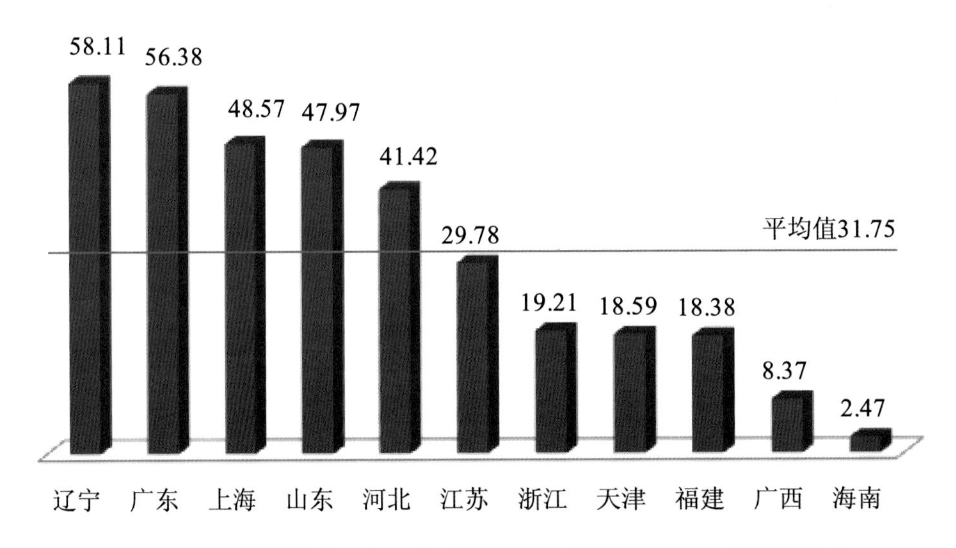

图4-4　2014年沿海省（市、区）区域海洋知识创造分指数得分及平均分

从海洋创新绩效分指数来看，2014年，我国区域海洋创新绩效分指数得分超过平均分的沿海省（市、区）为上海、天津、广东、海南、山东和福建（见图4-5）。其中，上海的区域海洋创新绩效分指数得分为86.88，主要原因在于其劳动生产率远高于其他地区，且拥有良好的海洋经济产出；天津的区域海洋创新绩效分指数得分为74.65，紧随上海之后，这得益于海洋经济产出；广东、海南、山东和福建的区域海洋创新绩效分指数得分分别为54.78、52.94、52.00、47.03，海洋创新绩效各方面良好，整体处于全国平均水平之上。

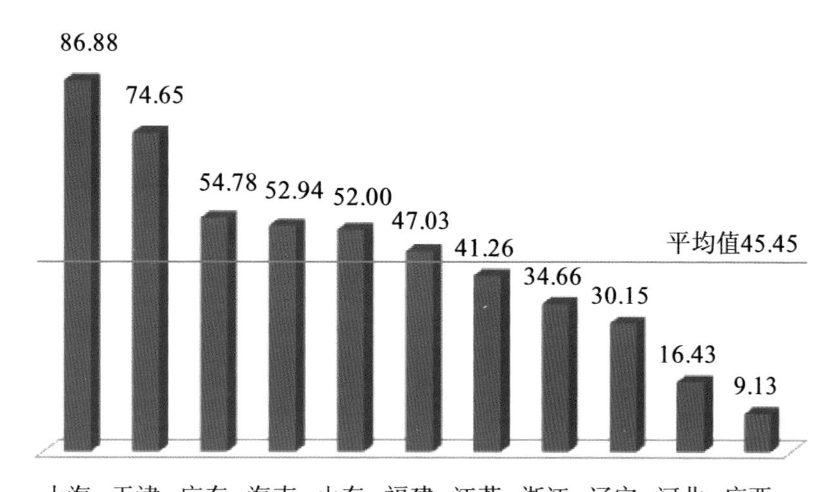

图4-5　2014年沿海省（市、区）区域海洋创新绩效分指数得分及平均分

从海洋创新环境分指数来看，2014年，我国区域海洋创新环境分指数得分超过平均分的沿海省（市、区）为福建、山东、上海、天津和广东（见图4-6）。其中，福建的区域海洋创新环境分指数得分为63.44，高于其他地区；山东拥有良好的海洋创新人才环境和政府资金环境，其区域海洋创新环境分指数得分为58.95；上海、天津和广东的区域海洋创新环境分指数得分分别为52.55、48.80、44.51，上海和天津都拥有优越的海洋创新资金环境和较高的人均海洋生产总值，广东则拥有较好的政府资金环境。

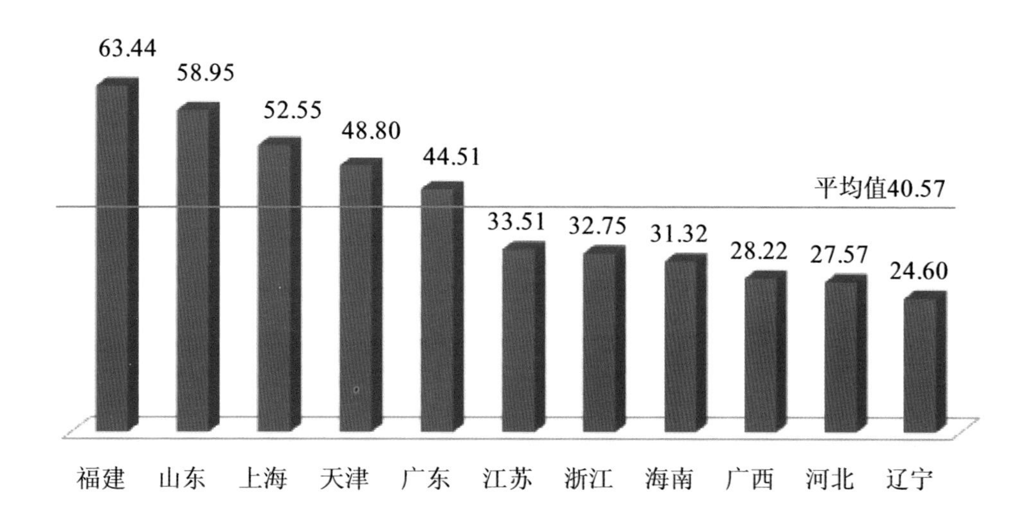

图4-6　2014年沿海省（市、区）区域海洋创新环境分指数得分及平均分

2. 海洋创新能力与经济发展水平强相关

区域海洋创新能力和经济发展水平有着密切的联系。通过反映经济发展水平的“沿海地区人均GDP”与“区域海洋创新指数”关系示意图（见图4-7）可见，第一象限中的沿海地区人均GDP较高，区域海洋创新指数高于全国平均水平，都是上述第一和第二梯次的地区；第四象限中的地区人均GDP 相对较高，但区域海洋创新指数低于全国平均水平，均为第三梯次的地区；第三象限中人均GDP相对较低、区域海洋创新指数低于全国平均水平的地区，其中海南和广西都是第四梯次的地区；没有一个地区处于人均GDP较低，但区域海洋创新指数高于全国平均水平的第二象限，说明海洋创新活动与沿海区域经济发展水平之间具有强相关性。

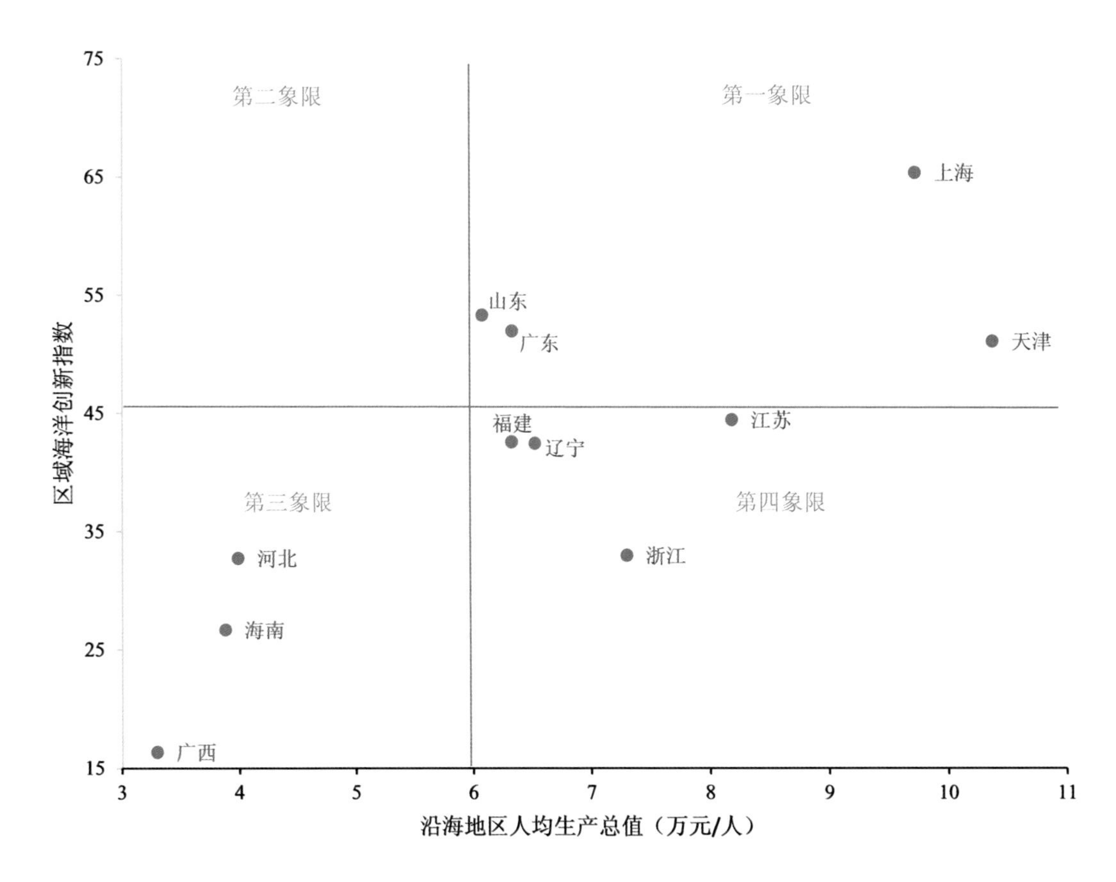

图4-7　2014年沿海省（市、区）人均GDP与区域海洋创新指数

同时，区域海洋创新能力和海洋经济发展水平之间也具有强相关性。由反映海洋经济发展水平的“沿海地区人均海洋生产总值与“区域海洋创新指数”关系示意图（图4-8）可见，第一象限中的沿海地区人均海洋生产总值较高，区域海洋创新指数高于全国平均水平，也均是上述第一和第二梯次的地区；第四象限中人均海洋生产总值相对较高，区域海洋创新指数接近或者低于全国平均水平，包含上述处于第三梯次除河北以外的地区以及第四梯次的海南；第三象限中人均海洋生产总值和区域海洋创新指数均低于全国平均水平的地区，为第三梯次的河北和第四梯次的广西；没有一个地区处于人均海洋生产总值低于全国平均水平，但区域海洋创新指数高于全国平均水平的第二象限，说明海洋创新活动与沿海区域海洋经济发展水平之间也具有强相关性。

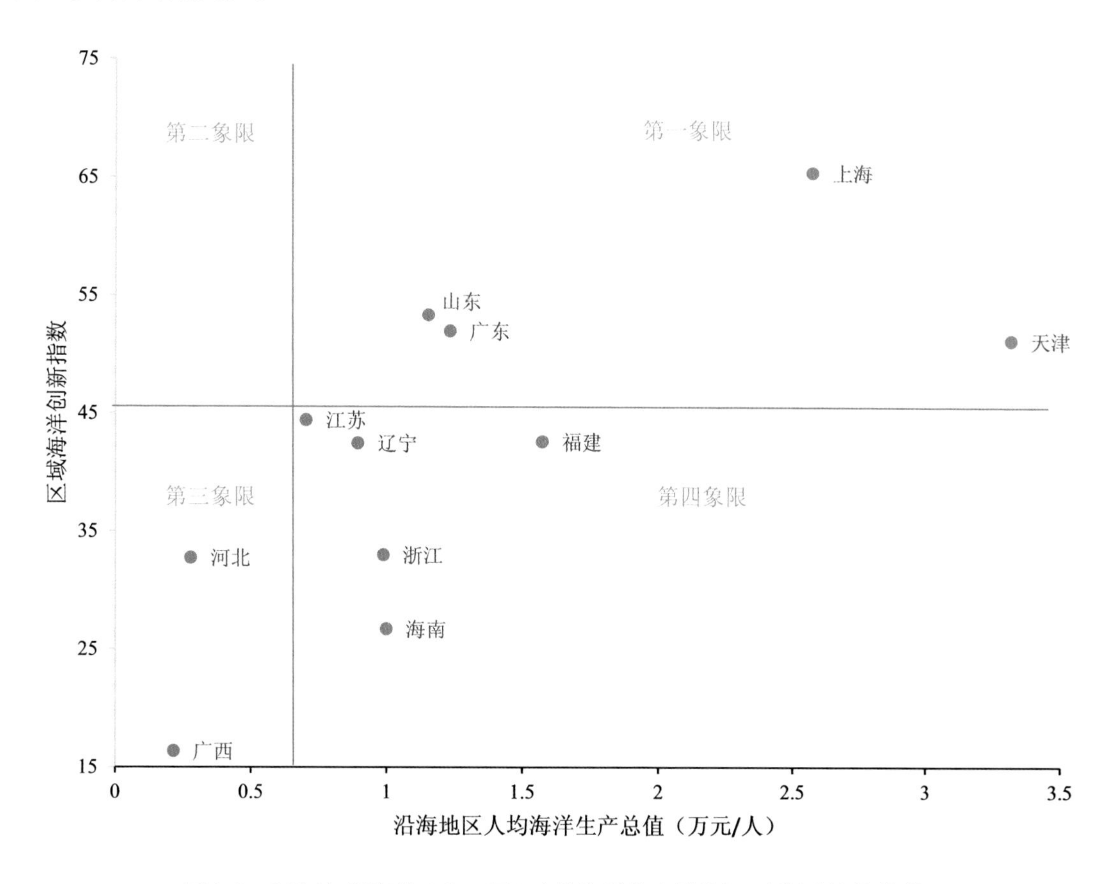

图4-8　2014年沿海省（市、区）人均海洋生产总值与区域海洋创新指数

（二）从五大经济区看我国区域海洋创新发展

针对环渤海经济区、长江三角洲经济区、海峡西岸经济区、珠江三角洲经济区和环北部湾经济区五个经济区，具体分析如下。

环渤海经济区是指环绕着渤海全部及黄海的部分沿岸地区所组成的广大经济区域，是我国东部的“黄金海岸”，具有相当完善的工业基础、丰富的自然资源、雄厚的科技力量和便捷的交通条件，也是带动我国中西部发展的战略地区，在全国经济发展格局中占有举足轻重的地位。2014年，环渤海经济区的区域海洋创新指数为44.88（见表4-2和图4-9），总体高于我国大陆11个沿海省（市、区）的平均水平，但区域海洋创新环境和创新绩效在平均水平之下，海洋创新发展有提升的空间。

表4-2　2014年我国5个经济区区域海洋创新指数与分指数

经济区	综合指数	分指数			
	区域海洋创新指数 A	海洋创新资源 b_1	海洋知识创造 b_2	海洋创新绩效 b_3	海洋创新环境 b_4
环渤海经济区	44.88	54.71	41.52	43.31	39.98
长江三角洲经济区	47.56	63.85	32.52	54.26	39.60
海峡西岸经济区	42.56	41.41	18.38	47.03	63.44
珠江三角洲经济区	51.92	52.01	56.38	54.78	44.51
环北部湾经济区	21.52	19.86	5.42	31.04	29.77
平均值	41.69	46.37	30.84	46.08	43.46

长江三角洲经济区位于我国东部沿海、沿江地带交汇处，区位优势突出，经济实力雄厚。长江三角洲经济区以上海为核心，以技术型工业为主，技术力量雄厚，前景好，政府支持力度大，环境优越，教育发展好，人才资源充足，是我国最具发展活力的地区。2014年，长江三角洲经济区的区域海洋创新指数为47.56，高于我国大陆11个沿海省（市、区）的平均水平，大量的海洋创新资源为长江三角洲经济区海洋科技与经济发展创造了良好的条件，海洋创新成果显著。

海峡西岸经济区是以福建为主体包括周边地区，南北与珠三角、长三角两个经济区衔接，东与台湾省、西与江西的广大内陆腹地贯通，是具备独特优势的地域经济综合体，具有带动全国经济走向世界的特点。2014年，海峡西岸经济区的区域海洋创新指数为42.56，与我国大陆11个沿海省（市、区）的平均水平相近，区域海洋创新环境与海洋创新绩效高于平均水平，有着较好的发展潜质，但创新资源与知识创造水平较低，企业创新能力不强，海洋创新发展能力有待进一步提升。

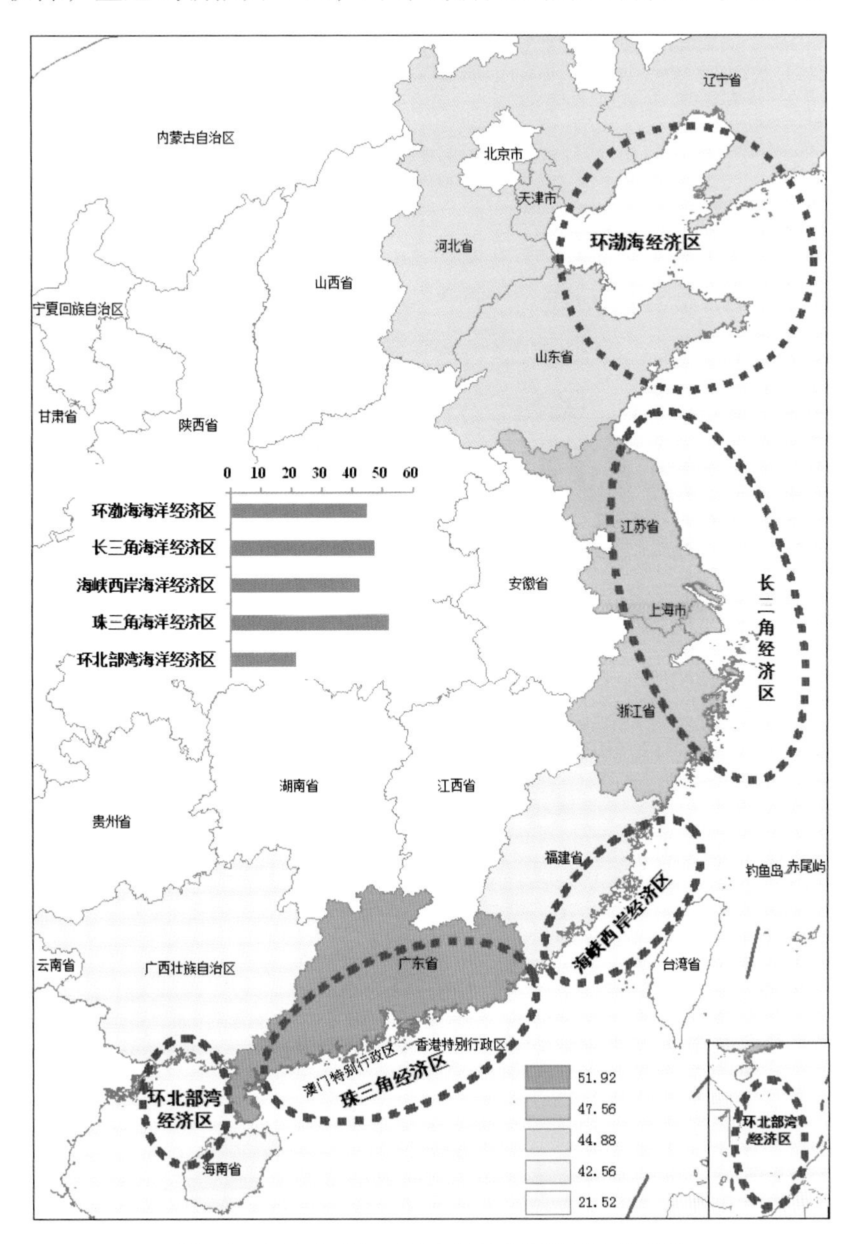

图4-9　2014年我国五个经济区区域海洋创新指数

珠江三角洲经济区主要指我国大陆南部的广东省，与香港、澳门两大特别行政区接壤，科技力量与人才资源雄厚，海洋资源丰富，是我国经济发展最快的地区之一。珠江三角洲经济区的区域海洋创新指数为51.92，高于我国大陆11个沿海省（市、区）的平均水平且在五个经济区中位居首位，海洋创新资源密集，知识创造硕果累累，创新绩效成绩斐然。

环北部湾经济区地处华南经济圈、西南经济圈和东盟经济圈的结合部，是我国西部大开发地区中唯一的沿海区域，也是我国与东盟国家既有海上通道又有陆地接壤的区域，区位优势明显，战略地位突出。环北部湾经济区岸线、土地、淡水、海洋、农林、旅游等资源丰富，环境容量较大，生态系统优良，人口承载力较高，开发密度较低，是我国沿海地区规划布局新的现代化港口群、产业群和建设高质量宜居城市的重要区域，具有巨大的发展潜力。环北部湾经济区的区域海洋创新指数为21.52，远低于我国大陆11个沿海省（市）的平均水平，在五个经济区中居末位，创新指数的4个分指数均比较低，与长江三角洲及珠江三角洲经济区的差距较大。

（三）从三大海洋经济圈看我国区域海洋创新发展

2014年，东部海洋经济圈的海洋创新指数为47.56，居三大海洋经济圈之首（见表4-3和图4-10）。4个分指数中得分较高的是海洋创新资源分指数和海洋创新绩效分指数，分别为63.85和54.26，两个分指数对该区域的海洋创新指数有较大的正贡献，充分说明该区域优势突出，经济实力雄厚，优质的海洋创新资源为区域海洋科技与经济发展创造了良好的条件。得分较低的是海洋知识创造和海洋创新环境分指数，分别为32.52、39.60，对区域海洋创新指数呈现负效应（见图4-11）。

表4-3　2014年我国三大海洋经济圈区域海洋创新指数与分指数

经济圈	综合指数	分指数			
	区域海洋创新指数 A	海洋创新资源 b_1	海洋知识创造 b_2	海洋创新绩效 b_3	海洋创新环境 b_4
北部海洋经济圈	44.88	54.71	41.52	43.31	39.98
东部海洋经济圈	47.56	63.85	32.52	54.26	39.60
南部海洋经济圈	34.38	33.29	21.40	40.97	41.87

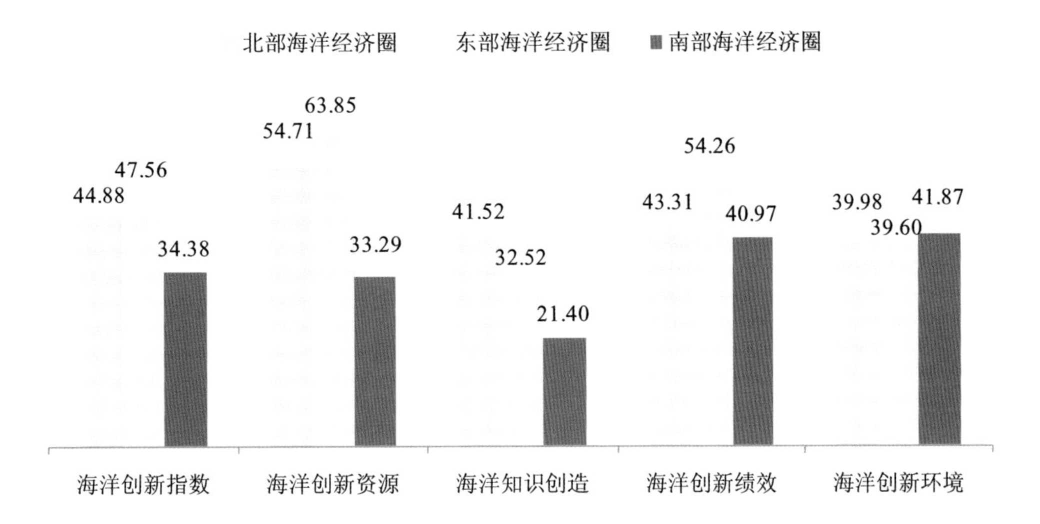

图4-10　2014年我国三大海洋经济圈海洋创新指数与分指数得分

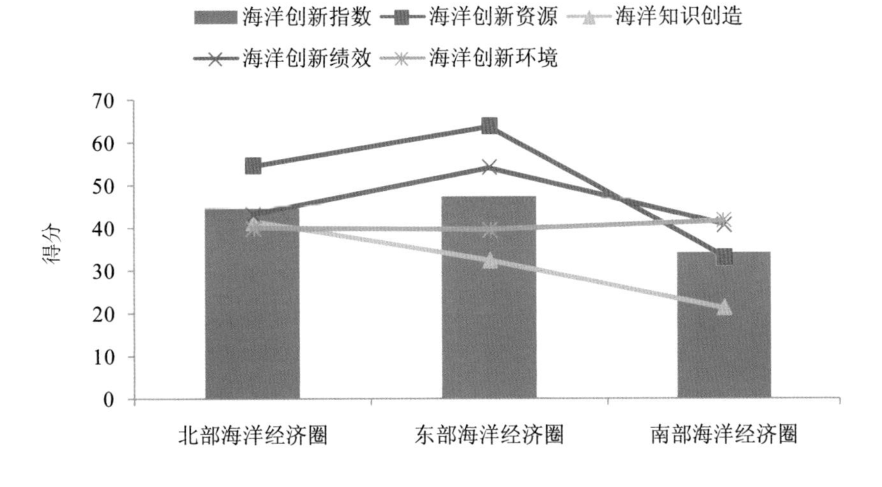

图4-11　2014年我国三大海洋经济圈区域海洋创新指数与分指数关系

北部海洋经济圈的海洋创新指数为44.88，得分在三大海洋经济圈居中。4个分指数中海洋创新资源对海洋创新指数有正贡献作用，得分为54.71；海洋创新环境的得分比较低，为39.98。北部海洋经济圈的海洋创新指数得分较低的原因主要在于海洋创新环境相对较弱，海洋创新发展有待进一步提高。值得注意的是，北部海洋经济圈的海洋知识创造分指数得分在三大海洋经济圈中最高，得益于其“本年出版科技著作”和“万名科研人员发表的科技论文数”等指标，说明北部海洋经济圈海洋科研产出能力和知识传播能力较强，尤其是出版的科技著作种类较多。

南部海洋经济圈的海洋创新指数为34.38，在三大海洋经济圈中最低。4个分指数得分差异化较大，其中，海洋创新环境和海洋创新绩效2个分指数得分较高，分别为41.87、40.97；海洋知识创造和海洋创新资源分指数得分较低，分别为21.40和33.29，是造成海洋创新指数较低的主要因素。南部海洋经济圈在三大海洋经济圈中得分最低，提升空间较大。在以后的海洋创新发展过程中，需要进一步发挥珠江口及两翼的创新总体优势，带动福建、北部湾和海南岛沿岸发挥区位优势共同发展，使海洋创新驱动经济发展的模式辐射至整个南部海洋经济圈。

五、我国海洋创新能力的进步与展望

习近平总书记强调："要发展海洋科学技术，着力推动海洋科技向创新引领型转变。要依靠科技进步和创新，努力突破制约海洋经济发展和海洋生态保护的科技瓶颈，要搞好海洋科技创新总体规划。"创新是引领经济增长最为重要的引擎，海洋创新更是指导海洋事业不断突破、实现海洋经济稳步健康发展的重要支撑。

从纵向历史趋势看，我国在海洋创新资源、海洋知识创造、海洋企业创新、海洋创新绩效、海洋创新环境分指数上均呈现出明显的上升态势，国家海洋创新指数的显著增长也充分证明了这一演变趋势，2001—2014年期间其年均增速为21.91%。充分说明：我国海洋科技整体实力和竞争力不断增强，自主创新能力持续提高，海洋创新资源和知识产出规模大幅增长，海洋创新绩效日益凸显，海洋创新环境不断完善。

国家海洋创新能力与海洋经济发展相辅相成。我国海洋创新能力的提高，与海洋经济发展相互关联。2012—2014年国家海洋创新指数、海洋生产总值和国内生产总值的增速接近，不存在之前年度的较大差异，国家海洋创新能力基本与海洋经济发展水平保持一致，海洋创新对经济的贡献能力也同步前进。

国家"十二五"海洋科学和技术发展规划纲要指标进展较好。2014年，海洋生产总值占国内生产总值比重达到9.54%、海洋科技进步贡献率达到63.7%、海洋科技成果转化率达到49.8%，发展态势良好。根据趋势预测分析，在"十二五"末，将顺利实现预期规划目标（目前最新数据截至2014年）。

(一)国家海洋创新能力与海洋经济发展相辅相成

国家海洋创新能力与海洋经济发展相辅相成，海洋经济为海洋科技研发提供更为充足的资金保障，从而提高海洋资源利用效率；海洋科技的进步和创新能力的提高，又促进海洋经济和国民经济的增长。2001—2014年期间国家海洋创新指数、海洋生产总值和国内生产总值的增长速度均呈现波动趋势（见图5-1），年均增速分别为21.91%、15.46%和14.56%（见表5-1）。国家海洋创新指数增速在2009年出现波峰，而海洋生产总值和国内生产总值却跌入波谷。原因在于，2008年年底国际金融危机给我国国民经济和海洋经济带来了很大程度的负面冲击，但是国家通过投资推动大量企业走向海洋，拓展海洋经济新空间，海洋创新也随之迎来发展的巨大机遇。在金融危机负面影响逐渐消退、宏观经济形势回温的有利外部环境下，2009—2014年期间，国家海洋创新指数及其增长速度恢复了总体平稳上升趋势，海洋生产总值和国内生产总值增速逐渐回升。同时，2012—2014年国家海洋创新指数、海洋生产总值和国内生产总值的增速接近，不存在之前年度的较大差异，说明国家海洋创新能力基本与海洋经济发展水平保持一致。

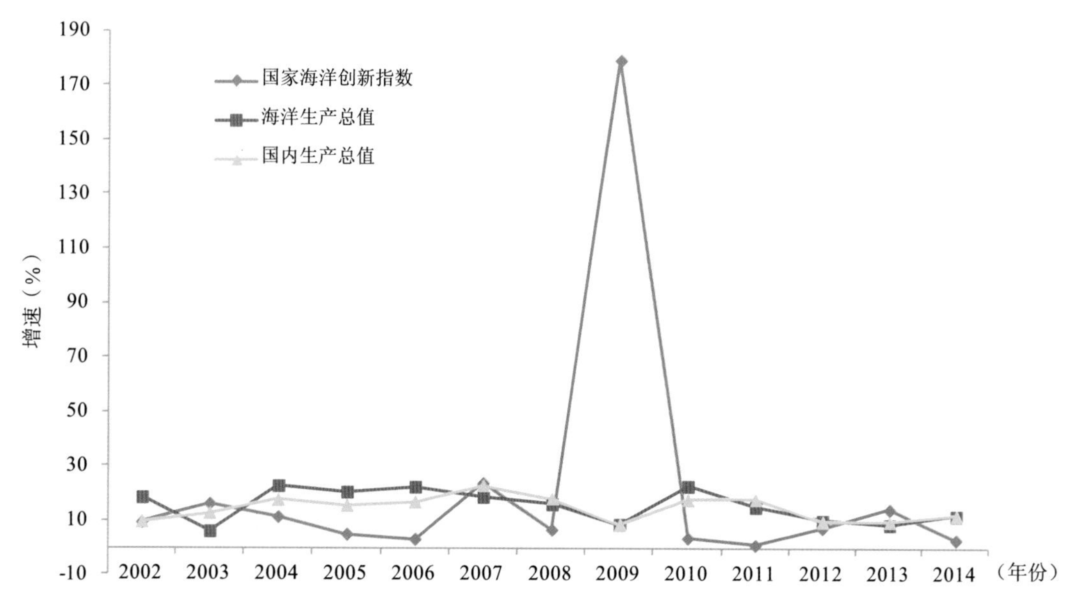

图5-1　2002—2014年国家海洋创新指数、海洋生产总值、国内生产总值增速变化

表5-1 国家海洋创新指数、海洋生产总值与国内生产总值增速（%）

年份	国家海洋创新指数增速	海洋生产总值增速	国内生产总值增速
2001	—	—	—
2002	9.45	18.41	9.74
2003	16.23	6.05	12.87
2004	11.41	22.67	17.71
2005	5.08	20.42	15.67
2006	3.25	22.30	16.97
2007	23.81	18.65	22.88
2008	6.77	16.00	18.15
2009	179.30	8.61	8.55
2010	3.70	22.60	17.78
2011	1.17	14.97	17.83
2012	7.40	10.00	9.69
2013	14.21	8.53	9.62
2014	3.07	11.76	11.83
平均增速	21.91	15.46	14.56

（二）国家“十二五”海洋科学和技术发展规划纲要指标进展

《国家“十二五”海洋科学和技术发展规划纲要》和《全国海洋经济发展“十二五”规划》等规划对“十二五”期间的海洋创新发展提出明确的目标要求，旨在引领“十二五”我国海洋创新发展。在“十二五”末，对这些目标实现情况进行数据分析是检验国家海洋创新能力发展情况的重要途径。根据“十二五”前期的多个数据和指标进行历史趋势分析，以全面回顾我国海洋创新的发展状况，具体见图5-1和表5-2。

2014年，海洋生产总值占国内生产总值比重达到9.54%、海洋科技进步贡献率达到63.7%、科技创新成果转化率达到49.8%，发展态势良好。根据趋势预测分析，在“十二五”末，将顺利实现预期规划目标（最新数据截至2014年）。

表5-2　国家海洋“十二五”海洋科学和技术发展规划纲要主要指标完成情况

主要指标	“十一五”	“十二五”目标	实际情况	完成情况
海洋生产总值占国内生产总值比重		10%	9.54%（2011—2014年）	十分接近
海洋科技进步贡献率	54.5%	>60%	63.7%（2006—2014年）	完成
海洋科技成果转化率		>50%	49.8%（2000—2014年）	十分接近

展望未来，应进一步加大海洋创新资源投入力度，同时注重海洋创新的效率问题，发挥海洋创新的支撑引领作用，转变海洋经济发展方式，推动海洋经济转型升级，依靠海洋科技突破经济社会发展中的能源、资源与环境约束，让海洋创新成为驱动海洋经济发展与转型升级的核心力量，为海洋强国建设提供充足的知识储备和坚实的技术基础。

六、国际海洋科技研究态势专题分析

据保守估计，全球主要的海洋资源价值至少达24万亿美元，[①]相当于全球“第七大经济体”。海洋对于全球经济社会发展的作用将愈加不可替代。

本章将主要从最新国际海洋研究计划规划以及研究热点方向两个方面对2015年国际海洋科技研究态势进行总结和分析。

整体来看，2015年国际海洋科技领域延续了过去几年来的稳定发展态势。重要国际组织和海洋国家对海洋领域的热点方向保持了持续的关注。海洋研究依然呈现出以中长期研究战略和计划作为引领、以重要海洋研究问题作为导向、以海洋可持续发展为目标的发展态势。

在研究计划和规划方面，选取2015年具有代表性的若干个国际组织和国家发布的海洋领域研究计划，并对其内容进行了梳理归纳。对2015年发布的海洋研究计划，按照区域进行分别介绍，主要涉及国际性组织、美国、欧洲和澳大利亚。其中，国际性组织2015年推出两项更新的或新一阶段的研究计划，重点聚焦涉及全球尺度的海洋问题和南北极问题。美国相关机构继续在未来海洋研究规划方面表现突出，推出了几项旨在增强美国未来海洋研究质量和解决美国现实需求的研究计划。欧洲作为一个整体从全球视角对未来海洋研究的重点进行了分析和规划，关注全球变化条件下的海洋问题以及深海研究。

在热点研究方向方面，海洋生态问题受到关注，自然栖息地成为焦点，美国等积极开展研究并采取相关研究行动。海洋酸化研究继续成为一个重要关注方向，美国提出海洋酸化研究的未来重点主题。北极研究继续升温，美国和俄罗斯等国积极围绕北极资源、航道和科学问题开展研究部署。海洋新技术应用取得进展，新的研发部署即将展开。厄尔尼诺事件的影响不断扩散，相关研究受到全球重视。

---

① Nature. Oceans are “worth US$24 trillion”.http://www.nature.com/news/oceans-are-worth-us-24-trillion-1.17394.

（一）研究计划与规划

2015年，国际组织和以美国为首的发达国家推出了一系列重要的研究战略和计划。这些研究战略和计划对全球和区域海洋研究的发展提供了重要指导和研究方向。

1. 国际组织

国际性的涉海组织在2015年推出了两个较有代表性的计划：国际“上层海洋—低层大气研究”计划（Surface Ocean-Lower Atmosphere Study，SOLAS）推出的新的10年研究计划、世界气象组织（World Meteorological Organization，WMO）的“极地预测年”项目（Year of Polar Prediction，YOPP）。

新修订的《SOLAS 2015—2025：科学计划和组织》[①]，在总结SOLAS第一轮战略规划（2004—2014）实施成效的基础上，确定了未来5个核心研究主题：①温室气体与海洋；②海—气界面及其物质与能量通量；③大气沉降与海洋生物地球化学；④气溶胶、云以及生态系统之间的联系；⑤海洋生物地球化学过程对大气化学过程的控制作用。

WMO国际极地预测计划（Polar Prediction Project，PPP）的第二阶段即YOPP项目执行方案，旨在改进南北极地区天气、气候及海冰环境预测以将极地所面临的环境风险降至最低，并有力促进相关研究、观测、建模、成果验证以及教育活动的开展。[②] YOPP确定的优先研究内容包括：①以经济实用的方式建成高精度、高覆盖度的极地观测系统；②结合实地观测推动极地关键过程研究；③采用解耦和耦合模型模拟极地关键过程；④改进数据同化系统；⑤开展单日至季节时间尺度的海冰预测研究；⑥极地地区与低纬度地区关系及其模拟；⑦极地气象与环境预测；⑧面向不同用户和地区的现有极地预测信息及服务的有效利用；⑨基于极地预测相关事项，提供培训机会。

---

① SOLAS.SOLAS 2015-2025:Science Plan and Organisation. http://www.solas- int.org/files/solas-int/content/downloads/About/Future%20SOLAS/SOLAS%202015-2025_Science%20Plan%20and%20Organistation_under%20review_March_2015.pdf.

② WMO.The Year of Polar Prediction.http://www.polarprediction.net/fileadmin/user_upload/redakteur/Home/Documents/WMO_PPP_YOPP_flyer_final_01.pdf.

2. 美国

美国作为全球海洋研究实力最强的国家，其研究计划布局对全球海洋研究都具有重要的引领和示范意义。美国在2015年也推出了几项重要的研究计划，反映了其未来海洋研究布局的新方向。

基于对美国未来海洋研究经费不会有较大增长的基本判断，为了集中有限资源实现美国最重要的海洋研究目标，美国国家科学基金会（National Science Foundation，NSF）于2013年委托美国国家研究委员会（National Research Council，NRC）对未来10年海洋科学的研究方向进行调研，以确定优先研究方向。2015年初，美国NRC完成并提交题为《海洋变化：2015—2025海洋科学10年计划》的报告[①]，该报告遴选出8项优先科学问题，并分析了在保守预算情景下实现这些优先目标的路径，为NSF未来10年的海洋科学资助布局提供了指导。该计划确定的未来10年的重要优先问题包括：①海平面变化的速率、机理、影响和地理差异是什么；②全球水文循环、土地利用、深海上升流如何影响沿海和河口海域及其生态系统；③海洋生物化学和物理过程如何影响当前的气候及其变异，并且该系统在未来如何变化；④生物多样性在海洋生态系统恢复力中有什么作用以及它将如何受自然和人为因素的改变；⑤到21世纪中叶及未来100年中海洋食物网如何变化；⑥控制海洋盆地形成和演化的过程是什么；⑦如何更好地表征风险，并提高预测大型地震、海啸、海底滑坡和火山喷发等地质灾害的能力；⑧海床环境的地球物理、化学、生物特征是什么，它如何影响全球元素循环，怎样通过它们来了解生命起源及进化。

应NSF的要求，美国国家科学院、工程科学院和医学科学院于2015年成立联合委员会，根据近年来南极项目的研究进展，发布报告提出了南极和南大洋研究的战略愿景。[②] 报告建议NSF在未来10年推动3个战略研究优先领域：①海平面上升高度与速度；②南极生物在变化环境中的进化与适应；③宇宙的起源，支配其演变的基

① NAP.Sea Change: 2015-2025 Decadal Survey of Ocean Sciences (2015).http://download.nap.edu/cart/download.cgi?&record_id=21655.

② NAP.A Strategic Vision for NSF Investments in Antarctic and Southern Ocean Research.http://www.nap.edu/catalog/21741/a-strategic-vision-for-nsf-investments-in-antarctic-and-southern-ocean-research.

本物理规律以及新一代宇宙微波背景辐射。为了支持核心基础研究项目和战略研究先导行动的实施，委员会指出需要在偏远场站设施、船舶支持、持续性观测、通信和数据传输、数据管理5个方面建立坚实的基础设施和后勤保障。

2015年1月，美国纽约州发布《纽约州海洋行动计划》（New York Ocean Action Plan）[①]，该计划旨在寻求提升对纽约海洋资源的理解、保护和恢复，为适应性的综合海洋管理提供一个框架，分析不断增长的人类活动对海洋的压力，列出了总体海洋行动目标，并给出了具体的子目标：①保护和恢复敏感脆弱的近海、离岸和河口栖息地；②提高对生态学角度和经济学角度具有重要意义的物种的管理水平；③评估纽约州海洋生态系统的完整性；④实施和提升离岸规划；⑤促进可持续性的基于海洋的工业和旅游业发展；⑥进行气候变化脆弱性评估；⑦采取长期的气候适应策略和海岸带战略计划；⑧实施生态可持续的海岸带和离岸沉积物资源管理战略；⑨提升利益相关者在资源管理和离岸规划中的参与度；⑩提升海洋拓展和教育；⑪支持局部和区域性的管理项目。

3. 欧洲

欧洲海洋研究的整体布局特点较为突出。2015年欧洲海洋局和欧洲科学基金会分别发布两个报告，对欧洲海洋研究进行了综合研判。

欧洲科学基金会（European Science Foundation，ESF）2015年6月发布题为《驶过变化的海洋：变暖地球上的海洋与极地生命和环境科学》科学立场文件[②]。文件对20世纪后期以来的海洋和极地、气候变率和气候变化以及与这些主题相关的重大挑战的主要里程碑式事件进行了综合。文件确定了与变暖地球上的海洋和极地环境的动力机制相关的主要优先事项和开放性科学问题；确定了在全球变化状况下，与生态系统动力机制相关的主要优先事项和开放科学问题。

欧洲海洋局（European Marine Board，EMB）2015年9月发布的报告《钻得更

① Ocean Leadership.New york ocean action plan 2015–2025.http://policy.oceanleadership.org/new-york-ocean-action-plan/.

② ESF.Sailing through Changing Oceans: Ocean and Polar Life and Environmental Sciences on a Warming Planet. http://www.esf.org/media-centre/ext-single-news/article/sailing-through-changing-oceans-ocean-and-polar-life-and-environmental-sciences-on-a-warming-planet.html.

深：21世纪深海研究的关键挑战》[①]，提出未来深海研究的八大目标：①加强深海系统的基础知识储备；②评估深海的各种驱动力、压力和影响；③促进跨学科研究以应对深海的各种复杂挑战；④为填补知识空白而创新资助机制；⑤提升深海研究和观测的技术与基础设施；⑥培养深海研究领域的人力资源；⑦提升透明度、开放数据存取和深海资源的管理水平；⑧编写与深海有关的文学作品，向全社会展示深海生态系统、商品和各种服务的重要价值。

4. 澳大利亚

澳大利亚是全球重要的海洋国家，在海洋研究领域具有突出的研究特色，其海洋生态系统研究特别是珊瑚礁生态系统研究在全球处于不可替代的地位，同时澳大利亚对于可持续利用海洋资源具有显著的研究关注。2015年，澳大利亚发布了3份重要文件，可从中发现其未来海洋研究重点。

澳大利亚环境保护部2015年3月发布的《面向2050年的珊瑚礁可持续发展计划》提供了一个管理大堡礁的总体战略方案[②]。该计划的目的是协调开发与保护珊瑚礁，促进大堡礁可持续发展，并对珊瑚礁面临的各种挑战和威胁提出保护的行动方案，并形成了7个可衡量的目标体系，分别是：生态系统健康、生物多样性、自然遗产、水质保护、社区管理、经济收益和政府管理。

此后，澳大利亚海洋科学研究所（Australian Institute of Marine Science，AIMS）发布了《澳大利亚海洋研究所2015—2025年战略规划》[③]。此次发布的报告进一步明确了AIMS的核心目标与指导原则。报告指出，未来10年AIMS面临的7个战略问题包括：海洋产业；港口与船运；海洋保护管理；累积环境影响；流域利用；全球变化；濒危物种。澳大利亚未来10年的战略成果产出包括：①健康而有恢复力的大堡礁；②可持续的近海生态系统和澳大利亚热带工业；③环境可持续的离

① Marine board of EU.Delving Deeper: Critical challenges for 21st century deep-sea research.http://www.marineboard.eu/file/247/download?token=EAV0bvRs

② Department of the Environment and Energy of Australian government. Reef 2050 Long-Term Sustainability Plan. http://www.environment.gov.au/marine/gbr/publications/reef-2050-long-term-sustainability-plan.

③ AIMS.AIMS Strategic Plan 2015-25.http://www.aims.gov.au/documents/30301/0/AIMS + Strategic + Plan + 2015-2025.

岸油气资源开发；④开展国际研究合作，强化澳大利亚在支持区域蓝色经济中的角色。

作为AIMS未来10年规划的升级版，2015年8月，澳大利亚发布战略规划报告《国家海洋科学计划2015—2025：驱动澳大利亚蓝色经济发展》[①]。报告指出，到2025年，澳大利亚海洋工业每年对澳大利亚的经济贡献值将达到1000亿美元，在下一个10年，澳大利亚海洋经济预期增速将比澳大利亚整体GDP增长速度快3倍。报告认为在澳大利亚实现海洋经济增长潜力过程中将面临7个方面的重要挑战：①维护海洋主权和安全；②实现能源安全；③确保食品安全；④保护生物多样性和生态系统健康；⑤建立可持续的沿海城市开发；⑥理解和适应气候变化；⑦建立公平和平衡的资源分配机制。报告呼吁海洋利益相关者在8个方面采取行动：①在整个海洋科学系统中明确蓝色经济可持续发展的研究重点；②建立和支持国家海洋基准线以及长期监测项目，开展对澳大利亚海洋资产的综合评估，帮助管理联邦和州政府的海洋保护区；③协调国家海洋生态系统过程及其恢复力研究，促进对海洋开发（城市、工业和农业）和气候变化对海洋资产的影响研究；④建立国家海洋学模型系统，为国防、工业和政府提供精确、详细的海洋状态知识和预测；⑤建立专门的、协调性的科学项目以支持海洋产业决策；⑥维护和扩展综合海洋观测系统，支持关键气候变化和海岸带系统研究，包括关键河口生态系统的覆盖率研究；⑦进行定量化、跨学科以及满足产业和政府需求的海洋科学研究培训；⑧促进国家科考船的充分利用。

（二）热点研究方向

1. 海洋生态研究

随着全球海洋经济的发展，人类活动对海洋生态的影响越来越明显，全球海洋生物多样性在过去几十年中严重减少。1970—2012年间，全球海洋哺乳动物的数量

① AIMS.National Marine Science Plan：Driving the development of Australia’s blue economy.http://frdc.com.au/environment/NMSC-WHITE/Documents/NMSP%202015-2025%20report.pdf.

减少了49%，个别物种的数量减少了75%。[①]珊瑚礁、红树林和海草的规模也发生了急剧缩减。全球大约8.5亿人直接受益于珊瑚礁相关的经济、社会和文化产业。海洋生态问题长期以来一直是海洋研究关注的热点之一。2015年，针对海洋生态问题的研究继续维持较高的热度。

（1）海洋生态问题

研究指出，在过去的10年，全球约1.6%的海域得到了强有力的保护，但是与陆地保护取得的成绩相比，尚有很大的差距。[②]根据英国谢菲尔德大学的最新研究成果，多达1/4的海洋物种有灭绝的可能。[③]自20世纪50年代以来，全球监测的海鸟种群数量下降了70个百分点。[④]对于美国来讲，墨西哥湾生态问题一直是其关注的焦点，2015年9月1日，美国国家海洋与大气管理局（National Oceanic and Atmospheric Administration，NOAA）公布的"恢复行动科学计划"（Restore Act Science Program）再为墨西哥湾研究提供270万美元的资助，旨在开展评估生态系统建模、生态指标、监测及观测等工作。[⑤]

（2）相关行动

美国NOAA 于2015年宣布将资助210万美元用于12个新的研究项目，旨在解决威胁沿海区域生态环境的两个问题——有害藻华和低氧区问题。[⑥]在墨西哥湾生态系统研究方面，NOAA发布《修复行动科学计划》[⑦]，确定了墨西哥湾修复行动路线

---

① World wild life.Living Blue Planet Report.https://www.worldwildlife.org/publications/living-blue-planet-report-2015.

② Science.Making waves:The science and politics of ocean protection.http://www.sciencemag.org/content/350/6259/382.

③ Cell.Global Patterns of Extinction Risk in Marine and Non-marine Systems.http://www.cell.com/current-biology/abstract/S0960-9822(14)01624-8.

④ PLOS ONE. Population Trend of the World's Monitored Seabirds,1950-2010.http://journals.plos.org/plosone/article?id=10.1371/journal.pone.0129342.

⑤ NOAA.NOAA RESTORE Act Science Program awards $2.7 million for Gulf research.http://www.noaanews.noaa.gov/stories2015/090115-noaa-restore-act-science-program-awards-2.7-million-for-gulf-research.html.

⑥ NOAA.NOAA awards $2.1 million to improve observation, forecasting, and mitigation of harmful algal blooms and hypoxia.http://www.noaanews.noaa.gov/stories2015/091715-noaa-awards-2.1-million-to-improve-observation-forecasting-and-mitigation-of-harmful-algal-blooms-and-hypoxia.html.

⑦ NOAA.NOAA announces long-term Gulf of Mexico ecosystem research priorities.http://www.noaanews.noaa.gov.

图，该计划确定的关键研究事项包括：①寻求渔业和其他自然资源管理所需的现有的模型、决策支持工具和新的监测技术等；②致力于开展能够促进更全面理解墨西哥湾水域及其自然资源、渔业和海岸带社区之间相互联系的研究；③努力提高气候变化和灾害性天气对墨西哥湾及其自然资源影响的预测能力；④认识开发性指标对于衡量包括渔业在内的墨西哥湾生态系统的长期状态和健康的重要性。

在宏观研究层面，2015年11月，科学家首次提出了可以面向全球海洋生态系统健康诊断的可视化图形新模式，该成果将有助于准确描绘海洋生态系统在一系列压力综合影响下被扰乱和恢复的机制。[①]尽管该模式依然存在争论，但是对全球约120个海洋生态系统的实证研究表明，该模式具有很强的全球适用性。该研究将海洋生态系统作为一个整体来研究其中发生的变化，这在海洋生态系统管理中是一个巨大的飞跃。

（3）自然栖息地的重要性

海岸带栖息地的研究方面，有两项代表性的研究成果。2015年4月29日，NOAA研究发现，一些自然栖息地，如沼泽、礁体、海滩等可以增强海岸带恢复力。结合基础设施建设（如海堤、堤坝等），自然栖息地可以保护海岸线不受威胁，这种混合方式被称为生境岸线（living shoreline）[②]。2015年11月，美国国家科学院院刊（*Proceedings of the National Academy of Sciences*，PNAS）刊文指出，湿地草之间紧密种植、间隔很小或没有间隔能促进植物之间的良性互动，可以产生更好的生长效果。[③]这个发现适用于全球广泛的沿海植被恢复，颠覆了借鉴了40年之久的森林种植理论：新植物，也被生态恢复学家称为“外来植物”（out-plants），需要足够的空间减少植物间的竞争以达到最高的生长率。

---

① Science.Emergent Properties Delineate Marine Ecosystem Perturbation and Recovery.http://www.sciencedirect.com/science/article/pii/S0169534715002207.

② NOAA.NOAA study finds marshes, reefs, beaches can enhance coastal resilience.http://www.noaanews.noaa.gov/stories2015/20150429-noaa-study-finds-marshes-reefs-beaches-can-enhance-coastal-resilience.html.

③ PNAS.Grass-planting change boosts coastal wetland restoration success.http://www.pnas.org/content/early/2015/10/28/1515297112.full.pdf?sid=36a2cf0f-adb6-48ad-b215-cf326001192b.

2. 海洋酸化

海洋酸化研究近年来在海洋研究领域的关注度不断提高。由于与全球气候变化有直接关联，已经成为未来气候变化影响研究的一个重要方向。且由于海洋酸化影响的范围极其广泛，该研究领域具有众多的研究选题和广阔的研究前景。海洋酸化研究对于全面深入认识气候变化的机理、海洋生态系统以及人类所受影响等方面具有很重要的研究价值。

（1）海洋酸化的影响

到目前为止，海洋已经成为地球的二氧化碳储物柜，海洋吸收了自1970年以来温室效应产生的93%的热量，大大减缓了地球变暖，同时也付出了惨重的代价，海洋水温升高、海洋酸化、格陵兰岛和北极西部冰层迅速融化、海平面上升等，这些活动都深远地影响着海洋生态系统，同时也影响着人类。[①]

2015年最新研究表明[②③]：海洋酸化和变暖可能造成生物多样性下降和大量关键物种数量减少，甚至导致海洋食物链崩溃；一些生物群落能够在酸性环境下做出非常迅速的响应，这可能将影响相关行业的发展。

（2）相关研究和评估结果

美国作为海洋酸化研究的重要国家，近年来已经开展了一系列研究和分析工作。2015年4月，美国国家科技委员会（National Science and Technology Council，NSTC）发布了《美国联邦资助海洋酸化研究和监测行动第三次评估报告》[④]。报告重点对两个方面工作的资助情况和所取得的进展进行了汇总。在对海洋酸化的响应研究方面，美国政府2012年共资助1183.7万美元，2013年资助1366.5万美元。该研究

① Science.Contrasting futures for ocean and society from different anthropogenic CO2 emissions scenarios.http://www.sciencemag.org/content/349/6243/aac4722.full.

② PNAS.Global alteration of ocean ecosystem functioning due to increasing human CO2 emissions.http://www.pnas.org/content/early/2015/10/06/1510856112.

③ Wiley.Acidification effects on biofouling communities: winners and losers.http://onlinelibrary.wiley.com/doi/10.1111/gcb.12841/abstract.

④ NSTC.Third Report on Federally Funded Ocean Acidification Research and Monitoring Activities.https://www.whitehouse.gov/sites/default/files/microsites/ostp/NSTC/ocean_acidification_2015_-_final.pdf.

方向所取得的主要成果包括：①狭鳕鱼生长的早期表现出对海洋酸化的恢复力；②海洋酸化影响军曹鱼幼虫的耳石，从而影响这种远洋鱼类的分布和生存状态；③红帝王蟹在海洋酸化状况下可以维持钙化率，但代价很大。红帝王蟹和雪蟹的幼体的生长受到海洋酸化的影响，这预示着两个物种未来数十年的数量将减少，除非发生对环境的适应性进化；④高CO_2浓度对双壳类生物幼体具有负面的生理学影响，这些生物对海洋酸化具有很强的敏感性。

在海洋酸化的海洋化学和海洋生物学影响的监测方面，美国政府2012年总共资助441.8万美元，2013年总共资助320.8万美元。在这个研究方向所取得的主要研究成果包括：①公海的持续航行监测在赤道附近发现了强的上升流，亚热带海域发现了生物摄取（biological uptake）现象，南北半球许多地方发现了季节性变暖的情况。②太平洋环境实验室的CO_2研究组参与到海洋表面碳地图集（Surface Ocean Carbon Atlas）工作中，为其提供了数据。③美国西海岸的调查显示，14%～28%的上升流海水酸化受到了大气CO_2的影响。夏季后期的大多数大陆架区域的20～200米深的海水中都发现了腐蚀性和欠饱和状态的海水。腐蚀性的海水对于当地的渔业孵化装置具有明显的负面影响，当地需采取适应性的措施以改善这种状况。④在阿拉斯加海域收集的数据显示，该区域具有与阿留申群岛附近海域相似的上升流模式。⑤墨西哥湾和东海岸碳调查航次（GOMECC-2）发现，由于淡水的输入和冷水的影响，缅因湾的海水更加容易受到海洋酸化的影响。鉴于缅因湾对美国东部海域渔业生产的重要性，该海域将受到重点关注和研究。

由NOAA和马里兰大学2015年10月发布的一项研究结果表明，北冰洋、南大洋以及美洲和非洲西岸的上升流区域最容易受到海洋酸化的影响，该发现将有利于针对不同海洋生态系统，采取不同的海洋酸化适应策略。[①]

（3）未来研究重点

在海洋酸化未来研究方向方面，美国科学家提出了三大挑战[②]：从单一因素角

① Wiley.Climatological Distribution of Aragonite Saturation in the Global Oceans. http://onlinelibrary.wiley.com/doi/10.1002/2015GB005198/full.

② Nature.New challenges for ocean acidification research.http://www.nature.com/nclimate/journal/v5/n1/full/nclimate2456.html.

度向多因素角度研究海洋酸化；从单个生物体向生态系统大范围研究海洋酸化；海洋生物的适应性研究。并建议从以下4个方面优先开展研究：①专注生物和基石物种以及生态系统；②确定共性和发展统一概念；③关注那些对海洋变化最脆弱和最具适应性的物种、变化过程和海洋生态系统；④研究覆盖的范围从亚细胞到生态系统和生物地球化学的循环过程。

3. 北极研究

北极区域的资源潜力非常大。由于该区域气候的变化会降低冰层的厚度和面积，不仅会给油气资源的形成提供有利条件，还会为工业和交通运输业的发展创造新的机会。牛津大学牛津能源研究所发布报告称，基于北极潜在地质结构层和萎缩的冰盖，在未来的几十年里，北极区域将成为全球石油潜在的供应区域。[①]毋庸置疑，北极地区作为未来资源的一个重要来源地将成为国际社会关注的焦点。美国、俄罗斯和英国在2015年表现出对北极地区的研究关注。

（1）美国

美国国家石油委员会（National Petroleum Council，NPC）2015年4月发布题为《北极潜力：实现美国北极油气资源的承诺》报告[②]，报告基于对美国北极油气开发潜力和挑战的分析，提出了7个重大发现：①北极地区油气资源潜力巨大，有助于满足未来美国和全球能源需求；②北极石油和天然气开发将面临着不同环境挑战；③通过持续的技术开发和业务拓展，油气行业在北极进行了成功的运作；④可利用现有的经过现场验证的技术开发大多数美国北极近海常规油气资源；⑤阿拉斯加北极地区开发的经济可行性面临操作条件和法规更新的挑战；⑥实现关于北极油气资源的承诺，需要保护公众信心；⑦技术和管理方面取得了巨大进步，减少了潜在的泄漏和影响。报告还针对目前面临的问题分别从环境管理、经济可行性、政府领导和政策协调方面提出了相关建议。

① Oxford Institute for Energy.The Prospects and Challenges for Arctic Oil Development.http://www.oxfordenergy.org/2014/11/prospects-challenges-arctic-oil-development/.

② National Petroleum Council.The Promise of US Arctic Oil & Gas Potential.http://npcarcticpotentialreport.org/pdf/ExSummary_vol-41715.pdf.

针对美国在2015年4月再次担任北极理事会轮值主席国，美国国际战略研究中心（Center for Strategic and International Studies，CSIS）2015年6月发布题为《美国在北极》的报告指出，美国目前在北极面临巨大的变革和挑战，亟须提高在北极地区的活动能力，包括增添破冰船和一些基础设施等，重点提出了美国成为北极理事会轮值主席国后的4个未来重要发展战略趋势：①北极地区的未来并不会完全取决于北极理事会8个成员国和北极本地居民代表。越来越多远离北极的国家希望在北极事务中拥有更大的发言权。中国、韩国、印度、日本、新加坡等许多国家逐步参与北极地区外交和经济事务；②北极的经济发展及未来北极开发影响的关键因素；③北极无冰并不意味着永久不再结冰；④北极地缘政治可能重新变得紧张。[①]

在北极航线方面，随着北极地区商业船只航行的不断增加，美国海岸调查办公室开始利用其自有船舶及海岸警卫队所收集的数据对北极航行图进行升级，升级的里程达12 000海里。[②]该地区航道的数据大部分来自于100年前，因此现在对这个交通日益繁忙的航道的海底进行勘察十分必要。2015年9月2日，美国NSF宣布与美国国家地理空间情报局（National Geospatial-Intelligence Agency，NGA）合作开发高分辨率北极地形图。[③]该地图也将可以比较北极地区随着时间的变化而发生的改变。

（2）俄罗斯

俄罗斯作为北极地区重要的国家之一，对北极的关注也日益加强。2015年8月27日，美国CSIS的一份报告分析了俄罗斯未来在北极的多边合作以及对日益脆弱的北极生态系统的影响。报告指出，俄罗斯在北极的利益很大程度上源于北冰洋油气资源以及北极新航线的开发。俄罗斯北极战略必然使北极生态环境受到极大影响，具体表现在：永久冻土融化和海岸侵蚀；北极开发可导致北极海洋酸化；北极生物多样性将发生变化和损失。俄罗斯的战略行动计划确定了保护北极环境的重要性。[④]

---

① CSIS.America in the Arctic.http://csis.org/publication/america-arctic.

② NOAA.NOAA plans increased 2015 Arctic nautical charting operations.http://www.noaanews.noaa.gov/stories2015/20150317-noaa-plans-increased-2015-arctic-nautical-charting-operations.html.

③ NSF, National Geospatial-Intelligence Agency support development of new Arctic maps.http://www.nsf.gov/news/news_summ.jsp?cntn_id=136108&org=NSF&from=news.

④ CSIS.The New Ice Curtain——Russia's Strategic Reach to the Arctic.http://csis.org/publication/new-ice-curtain.

（3）英国

英国对北极的关注由来已久，也是全球具备开展北极研究实力的国家之一。2015年7月29日，英国自然环境研究理事会（Natural Environment Research Council，NERC）宣布，将投资1600万英镑对北极地区过去30年海冰变化的影响进行研究，研究计划名称为“变化的北极对海洋生物和生物地球化学的意义”[①]。该计划是NERC新形势战略研究项目过程的第一个资助项目。将重点开展以下研究：①研究了解海冰减少对鱼类、鲸类及整个海洋生态系统中其他生物的影响；②支持开发更强大的预测工具，对未来的北极变化做好应对，确保环境科学研究的前沿性，从而使英国能够对北极重大科学问题提供答案；③充分利用英国和国际极地的研究设施，支撑全面的实地考察活动，以更好地了解北极海冰减少对北冰洋的影响。

4. 海洋新技术

先进的海洋研究和考察技术手段是保障海洋研究创新的必要条件，近年来国际海洋研究领域对于海洋新技术的开发和应用愈发重视。2015年出现了一些新技术的创新应用案例，一些国家也对未来海洋新技术研发进行了布局。

（1）新技术应用

在新型传感器应用方面，美国NOAA的海洋产品服务中心和国家气象局共同研发了新式传感器，可更好地提供实时数据，[②]支持当地应对风暴潮的突袭，制订合理的疏散方案。目前，NOAA在路易斯安那州也布设了同样的传感器，用于协助当地气象局开展工作。新式传感器更新了标准，确保监测的准确性，并且能弥补当地气象局的技术缺陷，帮助当地处理风暴潮的威胁，甚至包括长期海平面上升的威胁。同时，NOAA正逐步将该装置推广应用到其他天气恶劣地区。

① NERC.NERC invests £16m in Arctic Ocean change research.http://www.nerc.ac.uk/latest/news/nerc/arctic-ocean/.

② NOAA.New NOAA Lake Pontchartrain sensors to provide better evacuation planning, storm surge data.http://www.noaanews.noaa.gov/stories2015/092315-new-noaa-lake-pontchartrain-sensors-to-provide-better-evacuation-planning-storm-surge-data.html.

海洋环流作为全球气候系统驱动力的重要性已经得到广泛认同。美国国家航空与航天局（National Aeronautics and Space Administration，NASA）的科学家研究了一套方法，可以实现从太空对海洋环流进行观测。[①]该方法通过监测海洋环流的变化，帮助提升长期预测海洋及气候状况的能力。

海洋内波可以输送大量热量、盐类和营养物质，对渔业和气候变化影响巨大，对于海面与水下施工也非常重要。2015年，来自美国迈阿密大学的研究团队首次通过卫星图像直接观测到海表80米之下组织清晰的海洋内波，这项技术为跟踪洋流速度和海洋内物体移动提供了机会。[②]

海洋考察机器人的应用方面。2015年9月16日，由英国国家海洋研究中心（National Oceanography Centre，NOC）率领的国际团队利用机器人绘制了首张海底峡谷栖息地的三维图片，这将使人类更好地了解这些峡谷的生物多样性模式以及形成过程。[③]

（2）研发部署

海洋科学考察船对于现代海洋科学研究和调查具有不可替代的重要作用，是开展深海大洋研究的必备硬件基础，是国家海洋研究实力的重要体现。各国对海洋科考船的建设极为重视。2015年，英国政府宣布将投资2亿英镑建造英国最先进的极地研究船，该科考船将巩固英国在全球气候和海洋研究中的地位。该极地考察船将于2019年建成，将有能力进行南极和北极的考察任务，续航能力长达60天，使科学家能够获取更多的观测数据。该艘船将是第一艘由英国建造的拥有直升机甲板的极地考察船，成为可在极地地区进行考察研究的高端浮动研究实验室。此外，该考察船将装备自动潜水器、海洋滑翔器和无人机等先进设备，用以收集海洋环境和海洋

① NOC.Ocean currents to be tracked from space.http://noc.ac.uk/news/ocean-currents-be-tracked-from-space.

② IEEE.Advanced Remote Sensing of Internal Waves by Spaceborne Along-Track InSAR—A Demonstration IEEE.With TerraSAR-X.http://ieeexplore.ieee.org/xpl/articleDetails.jsp?arnumber=7155554.

③ Eurekalert.Robots help to map England's only deep-water Marine Conservation Zone.http://www.eurekalert.org/pub_releases/2015-09/nocu-rht091615.php.

生物数据，海面无人机和船上环境监测系统将提供极地环境的详细信息。[①]

先进海洋仪器的研发对于国家安全具有重要意义。发达国家国防部门历来重视与相关研究机构的合作。2015年7月，美国国防部对斯克利普斯海洋研究所（Scripps Institution of Oceanography，SIO）的8个海洋学家团队提供资助，用于研究开发和采购相关海洋仪器，这些仪器将促进海洋声学观测、海洋环流、海洋气象、气候预测和分析、深海研究以及波浪的观测，并列出了具体研究人员及负责的研究方向。[②]

此外，在自动滑翔机研究方面，来自欧洲19个合作单位的科学家将开始研发超深海自动滑翔机，这是欧洲首次研发此类型深海观测设备。该滑翔机将有能力采集深度达5000米的海洋数据，单次布放可以持续工作超过3个月。[③]

5. 厄尔尼诺研究

开始于2014年的厄尔尼诺，近两年引起了海洋学界的极大关注。各研究机构开展了大量研究和预测工作。例如，美国佐治亚理工学院（Georgia Institute of Technology）的研究人员对太平洋圣诞岛的珊瑚礁考察后称，厄尔尼诺造成了珊瑚礁的白化，并且随着海温继续上升将越来越严重。[④]日本海洋地球科学与技术中心（Japan Agency for Marine-Earth Science and Technology，JAMSTEC）的应用实验室指出，2015年春季以来热带太平洋发生的厄尔尼诺现象是自1997年以来强度最大的一次。[⑤]美国NOAA发布报告认为，2015年4月以来，中大西洋和西海岸区域的洪水

---

① NERC.UK shipyard selected as preferred bidder for £200m new polar research vessel.http://www.nerc.ac.uk/press/releases/2015/10-nprv/.

② Scripps Institution of Oceanography.Department of Defense Awards Funds to Eight Scripps Researchers to Scripps Institution of Oceanography.Develop Instrumentation.https://scripps.ucsd.edu/news/department-defense-awards-funds-eight-scripps-researchers-develop-instrumentation.

③ NOC.Europe's deepest glider to be developed.http://noc.ac.uk/news/europe%E2%80%99s-deepest-glider-be-developed.

④ El Niño Warming Causes Significant Coral Damage in Central Pacific .http://www.sciencedaily.com/releases/2015/12/151201101504.htm.

⑤ JAMSTEC.Future outlook for Super El Niño- Signs of La Niña in late 2016. http://www.jamstec.go.jp/e/jamstec_news/20151104/.

灾害频发，是因为受到海平面上升和风暴潮频繁的影响。而海平面上升和风暴潮频繁是由厄尔尼诺引起的。[①]另一项研究[②]指出，ENSO现象可能会导致整个太平洋人口密集地区风暴事件增加，造成极端沿海洪水事件增加和海岸带侵蚀更加严重。

① NOAA.2014 State of Nuisance Tidal Flooding.http://www.noaanews.noaa.gov/stories2015/090915-noaa-report-finds-el-nino-may-accelerate-nuisance-flooding.html.

② Nature.Coastal Vulnerability Across the Pacific Dominated by El Niño/Southern Oscillation.http://www.nature.com/ngeo/journal/v8/n10/full/ngeo2539.html.

七、我国企业海洋创新能力专题分析

企业海洋创新是国家海洋创新体系的重要组成部分。本章根据我国海洋科研机构中企业的相关数据，选取企业海洋创新人力资源、企业海洋创新经费投入、企业海洋创新产出成果三个方面的主要指标，分析我国企业海洋创新的发展现状。总的来看，2002—2014年企业海洋创新能力持续增强。

企业海洋创新人力资源逐步优化。企业海洋科技活动人员结构持续优化，R&D人员总量、折合全时工作量稳步上升，R&D人员学历结构进一步优化、年龄结构分布合理。

企业海洋创新经费投入规模显著提升。自2008年后，企业海洋R&D经费投入大规模提升，但企业海洋R&D经费占全国海洋科研机构总R&D经费的比重呈现下降趋势，表明企业海洋创新经费还需要加大投入。

企业海洋创新产出成果稳步增长。企业海洋科技论文总量保持增长，科技著作出版种类明显增长，专利申请量、授权量自2008年后涨势强劲，发明专利所有权转让许可收入逐步提高。

（一）海洋创新人力资源情况

1. 科技活动人员结构逐步优化

从人员组成上看，2011—2014年，企业海洋课题活动人员是科技活动人员的主要组成部分，占比保持在70%左右，而科技管理人员和科技服务人员均不超过20%（见图7-1）；从人员学历结构上看，近4年来，企业海洋科技活动人员中博士、硕士毕业生占比总体呈增长态势，2014年分别占科技活动人员总量的17.28%和30.56%（见图7-2）；从人员职称结构上看，近4年来，企业科技活动人员中，高级、中级职称人员占比超过初级职称人员占比的2倍，2014年高级、中级职称人员分别占科技活动人员总量的40.91%和32.23%（见图7-3）。

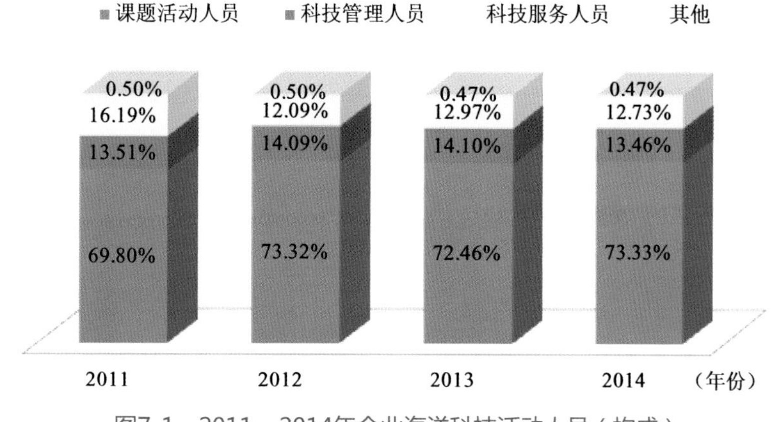

图7-1　2011—2014年企业海洋科技活动人员（构成）

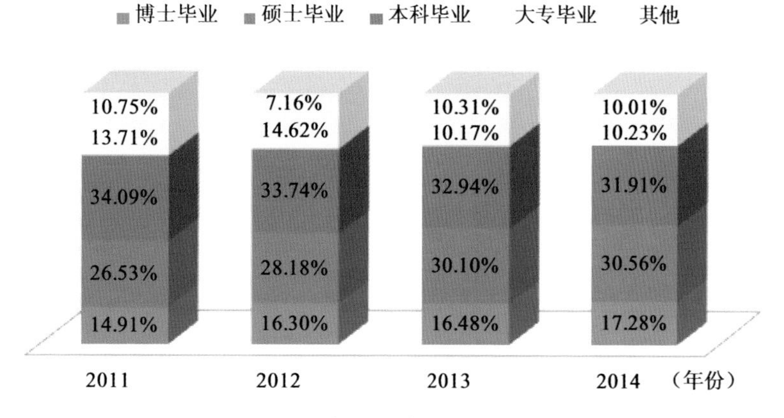

图7-2　2011—2014年企业海洋科技活动人员学历结构

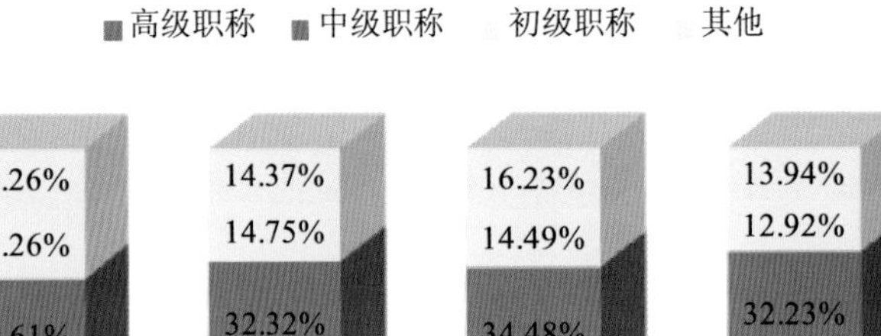

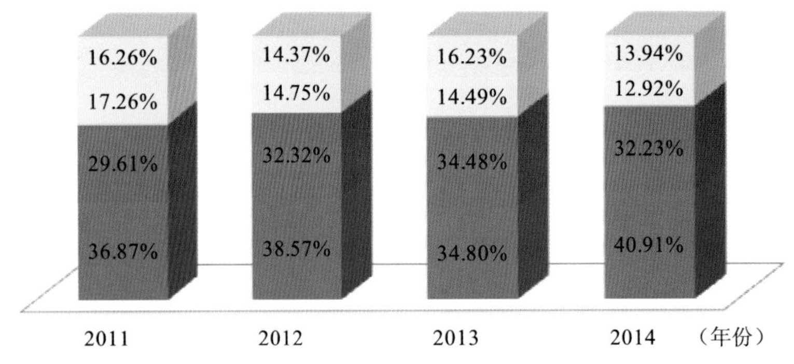

图7-3　2011—2014年企业海洋科技活动人员职称结构

2. 科技活动人员年龄结构分布合理

2014年，企业海洋科技活动人员中30岁以下和30～39岁的人员分别占科技活动人员总量的16.08%和38.96%，40～49岁和50～59岁的人员分别占科技活动人员总量的28.18%和15.97%（见图7-4）。其中，高级职称人员中30岁以下和30～39岁的人员分别占高级职称人员总量的0.86%和33.79%，40～49岁和50～59岁的人员分别占高级职称人员总量的43.10%和21.26%（见图7-5）；中级职称人员中30岁以下和30～39岁的人员分别占中级职称人员总量的14.33%和62.02%，40～49岁和50～59岁的人员分别占中级职称人员总量的14.70%和8.30%（见图7-6）；博士毕业人员中30岁以下和30～39岁的人员分别占博士毕业人员总量的6.40%和52.77%，40～49岁和50～59岁的人员分别占博士毕业人员总量的30.66%和10.01%（见图7-7）。

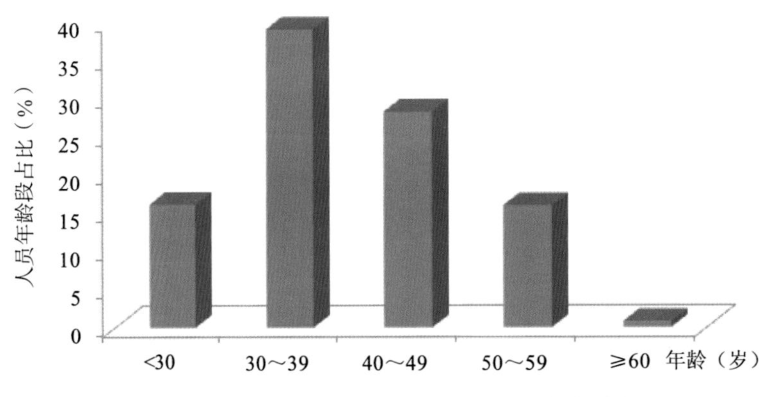

图7-4　2014年企业海洋科技活动人员年龄分布

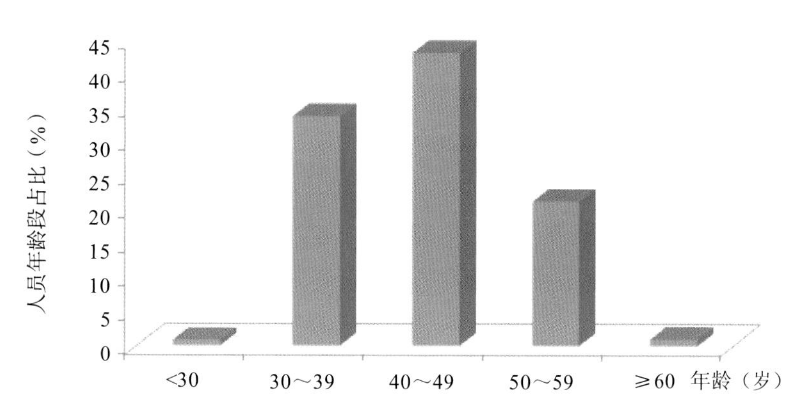

图7-5　2014年企业海洋科技活动人员高级职称人员年龄分布

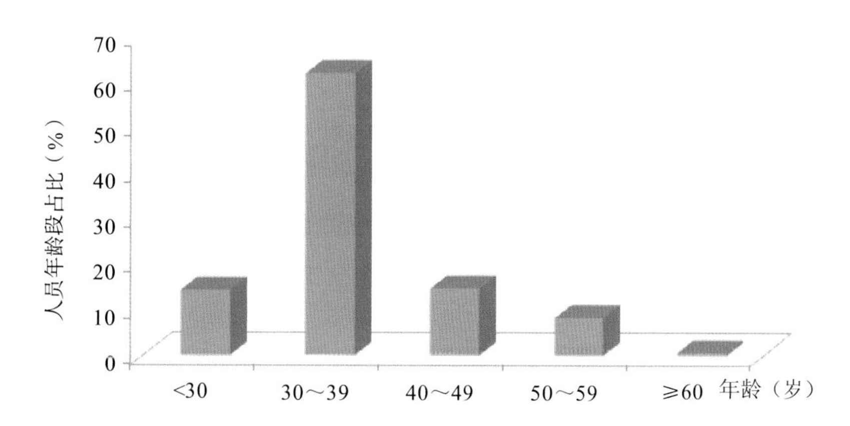

图7-6　2014年企业海洋科技活动人员中级职称人员年龄分布

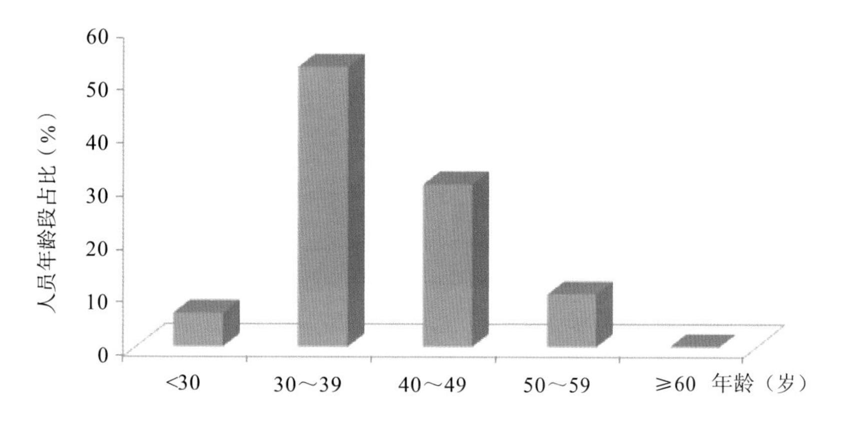

图7-7　2014年企业海洋科技活动人员博士毕业人员年龄分布

3. R&D 人员总量、折合全时工作量逐步上升

企业海洋R&D人员总量和折合全时工作量总体呈现稳步上升态势（见图7-8），2002—2008年期间，二者增长相对较缓；2008年后，二者均迅猛增长，2014年比2013年略有下降。

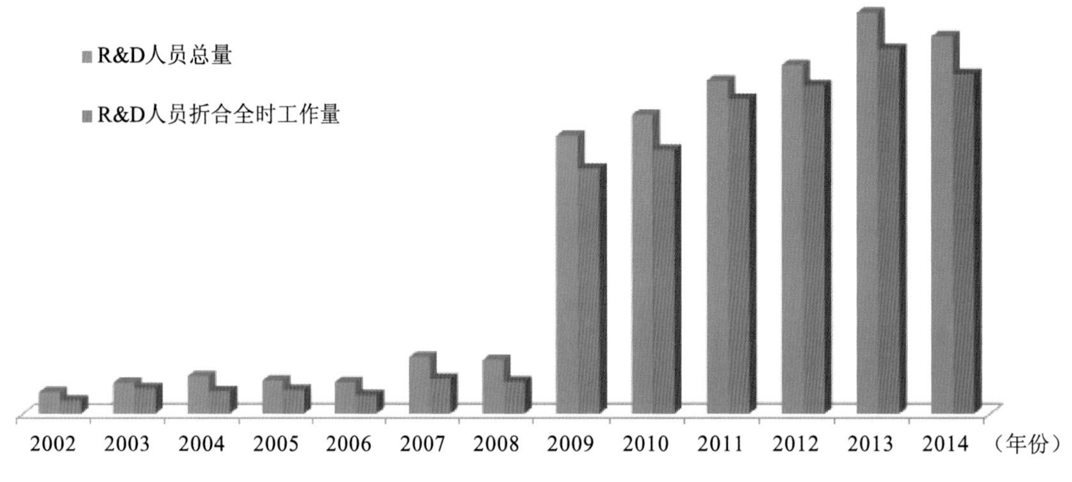

图7-8　2002—2014年涉海企业R&D人员总量（人）、折合全时工作量（人·年）趋势

4. R&D 人员学历结构合理优化

近4年来，企业海洋R&D人员中，博士、硕士毕业生占比持续增长，2014年博士和硕士毕业生分别占R&D人员总量的19.98%和30.37%（见图7-9）。其中，博士和硕士毕业生占比总体呈上升趋势，本科及其他毕业生4年来总体呈下降趋势。

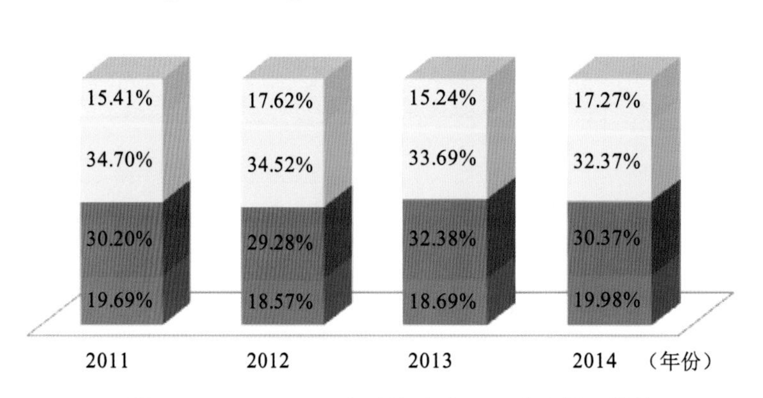

图7-9　2011—2014年涉海企业R&D人员学历结构

5. R&D 人员折合全时工作量构成合理

近4年来，企业海洋R&D人员折合全时工作量中研究人员进行的工作量保持在50%以上，2014年研究人员折合全时工作量占比为55.15%（见图7-10）。

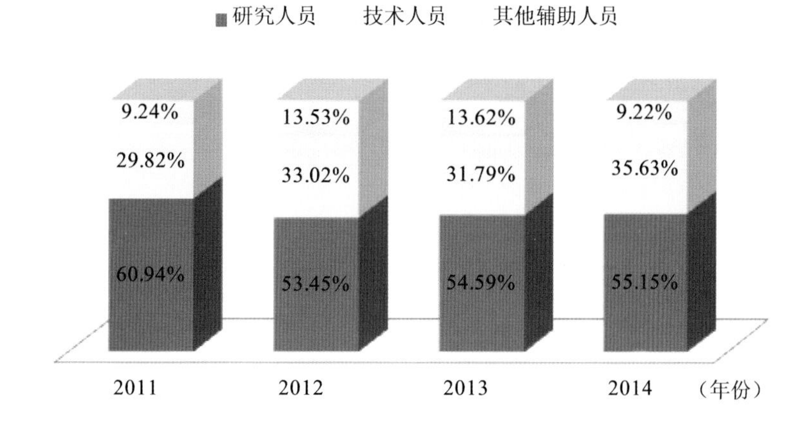

图7-10　2011—2014年涉海企业R&D人员折合全时工作量构成

（二）海洋创新经费投入情况

1. R&D 经费规模迅猛提升

自2002年以来，企业海洋R&D经费支出连续12年保持增长态势。2007年和2009年是该指标增长最为迅猛的两年，2002—2014年期间年均增速达到157.37%。但2002—2014年期间，企业海洋R&D经费占全国海洋科研机构总R&D经费的比重出现先增后降的趋势，在2009年达到峰值，是2008年的13倍，占全国海洋科研机构总R&D经费的比重也在2009年达到最高值68.90%，之前都在10%以下，2009年后都保持在30%以上。总体来说，2009年是企业海洋经费投入力度最大的转折年（见图7-11）。

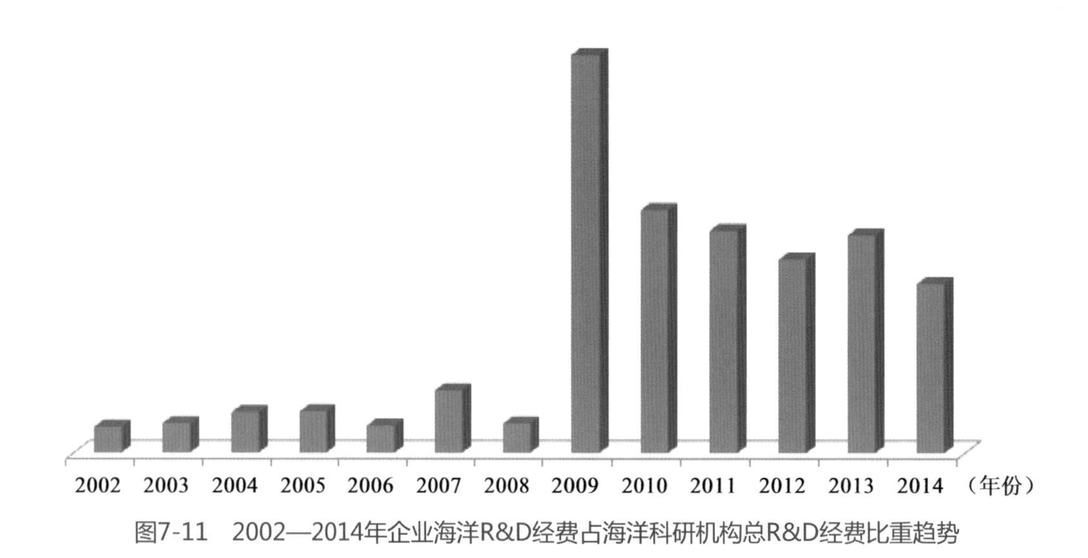

图7-11　2002—2014年企业海洋R&D经费占海洋科研机构总R&D经费比重趋势

2. R&D 经费内部支出稳定增长

企业海洋R&D经费内部支出包括R&D经常费支出和R&D基本建设费。2002—2014年，R&D基本建设费在R&D经费内部支出中的比例整体呈现上升趋势，占比从2002年的1.36%上升到2014年23.26%，体现出企业正不断加强对海洋基建投资的重视程度（见图7-12）。从费用类别来看，R&D经常费支出包括人员费用（含工资）、设备购置费和其他日常支出（包括业务费和管理费），R&D基本建设费包括仪器设备费和土建费。其中，2002—2014年期间，R&D经常费中其他日常支出保持在50%以上，人员费用和设备购置费占比小幅下降（见图7-13）；2002—2014年期间，R&D基本建设费中仪器设备费总体呈现下降趋势，土建费总体呈现增长态势（图7-14），2002年仪器设备费和土建费分别占R&D基本建设费的88.46%和11.54%，而2014年分别占比43.99%和56.01%。从活动类型来看，2002—2014年，R&D经常费支出中用于基础研究的经费占比一直保持较低状态（见图7-15），2014年只有4.84%，用于应用研究的经费占比一般保持在9.05%～23.66%，用于试验发展的经费占比总体保持在74.14%～97.06%。从经费来源来看，2002—2014年期间，R&D经费内部支出主要来源于企业资金（见图7-16），占比均超过50%，其次是来自政府资金；2014年，企业资金和政府资金占比分别为65.48%和14.90%。

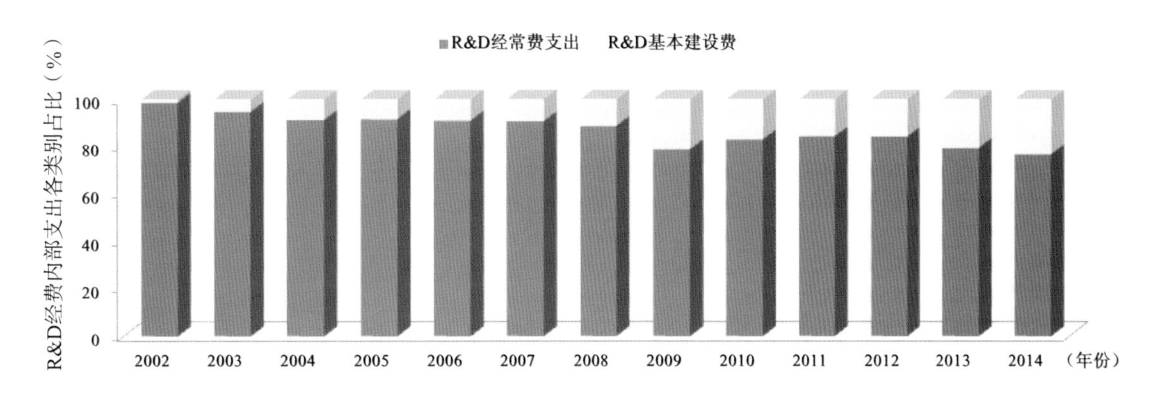

图7-12　2002—2014年企业海洋R&D经费内部支出构成

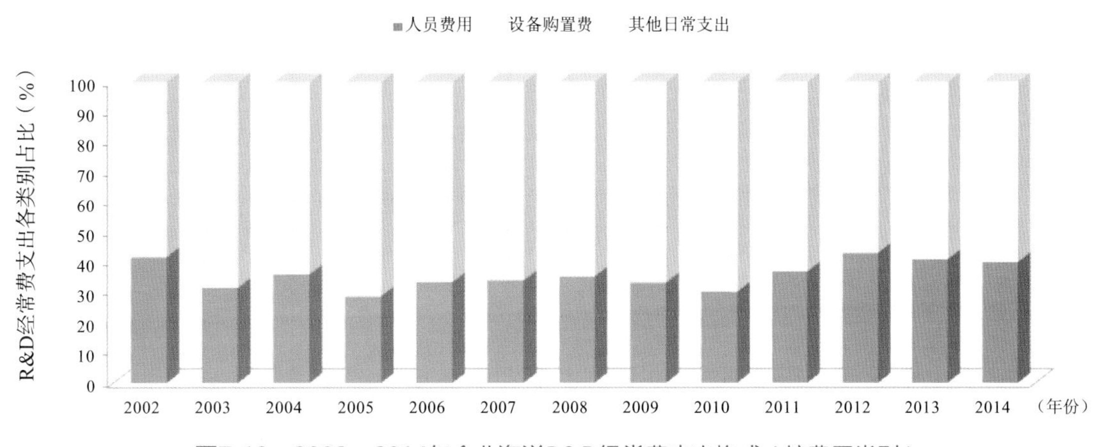

图7-13　2002—2014年企业海洋R&D经常费支出构成（按费用类别）

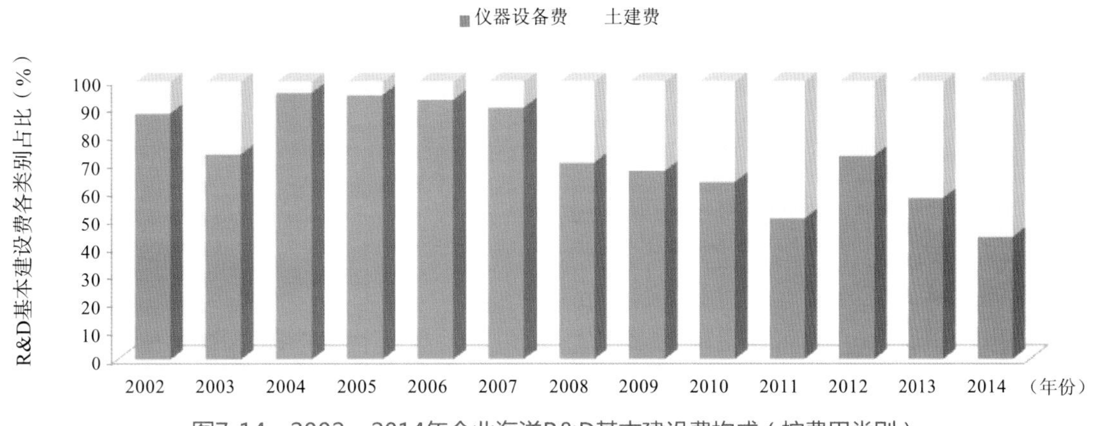

图7-14　2002—2014年企业海洋R&D基本建设费构成（按费用类别）

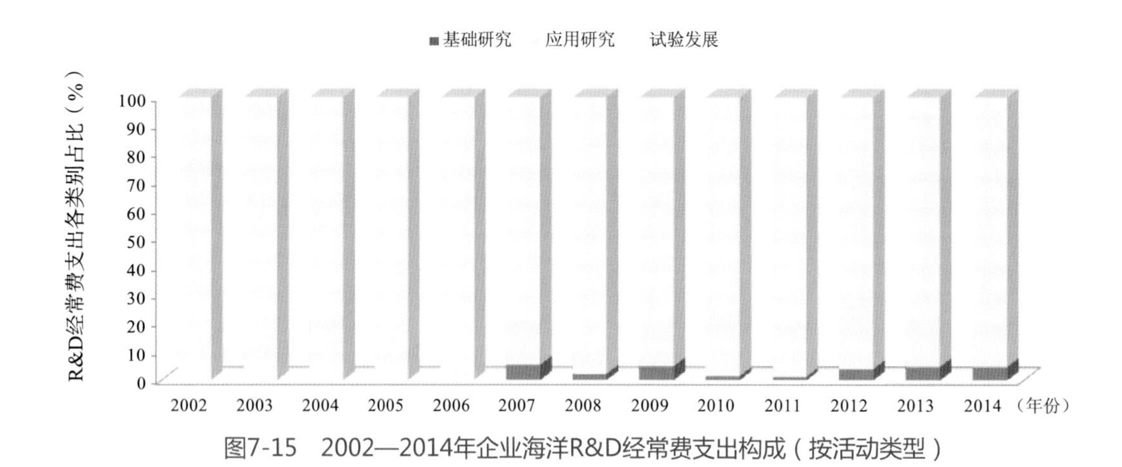

图7-15　2002—2014年企业海洋R&D经常费支出构成（按活动类型）

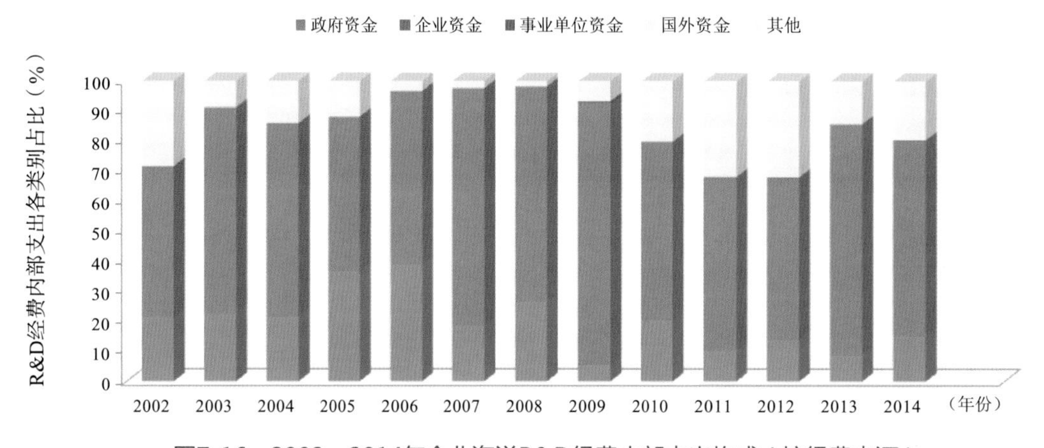

图7-16　2002—2014年企业海洋R&D经费内部支出构成（按经费来源）

（三）海洋创新产出成果情况

1. 科技论文总量保持增长

2002—2014年企业海洋科技论文发表数量总体保持增长态势（见图7-17），平均每年增长81.78%。其中，2002—2008年期间科技论文数增长平稳，但在2009年发生了一次大的飞跃。值得注意的是，2002—2014年期间，企业海洋科技论文中，国外发表的论文占比先降低后又较大幅度上涨（见图7-18），2002—2005年期间占比逐渐下降，但自2006年后，占比逐渐增加，2006—2014年期间年均增速为27.53%；2014年在国外发表的科技论文占总数的比重为14.13%。两者充分说明我国企业海洋科技论文在数量与国际认可度上均有明显提升。

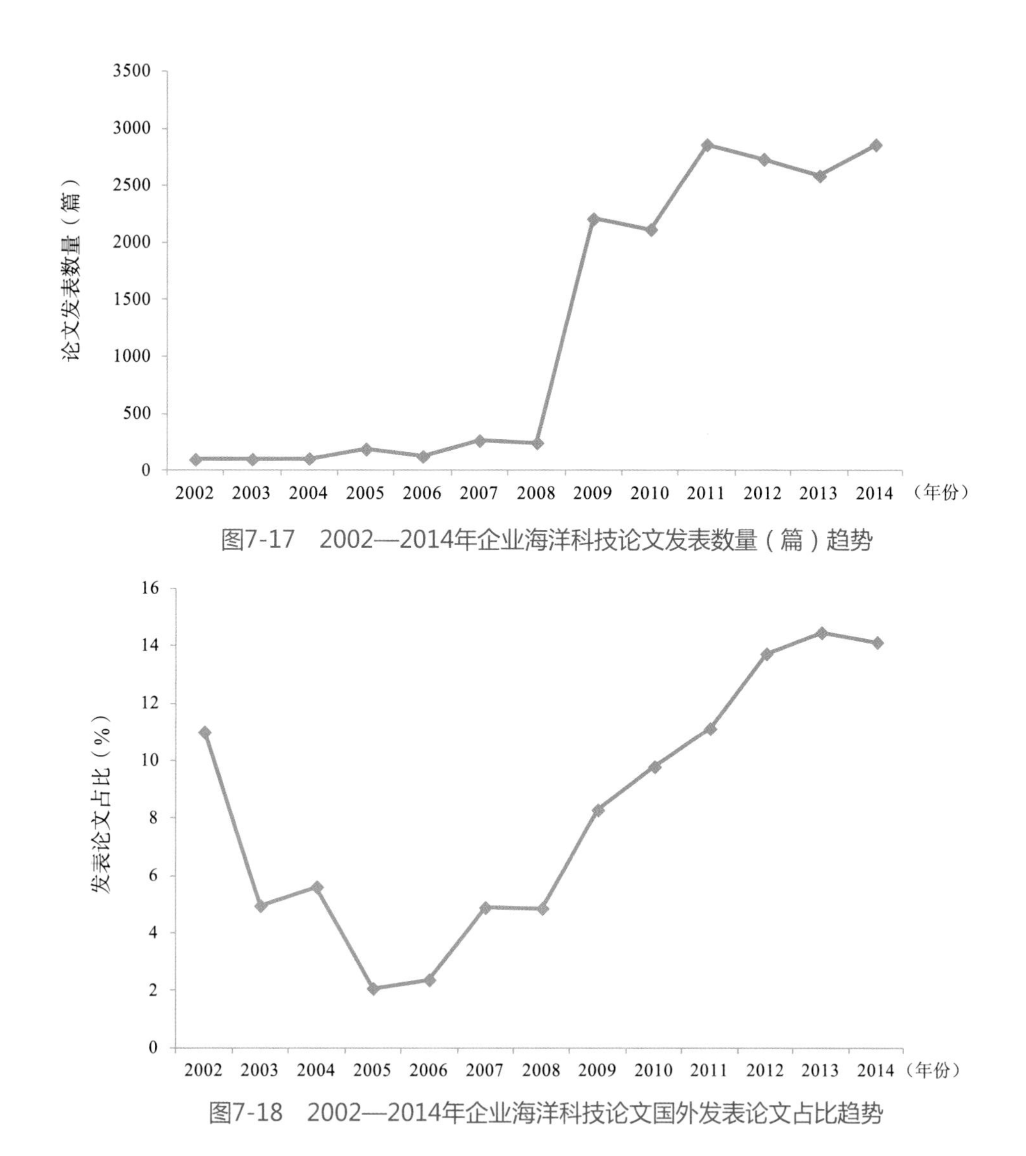

图7-17　2002—2014年企业海洋科技论文发表数量（篇）趋势

图7-18　2002—2014年企业海洋科技论文国外发表论文占比趋势

2. 科技著作出版种类明显增长

2002—2014年期间企业海洋科技著作出版种类总体呈现增长态势（见图7-19），2014年是2002年的10倍。其中，2002—2008年企业海洋科技著作出版种类趋于平稳，变化不大；2009年企业海洋科技著作出版种类快速增长。

3. 专利申请量、授权量涨势强劲

2002—2014年，企业海洋的专利申请量和授权量逐年上升，图7-20从宏观上展示了专利申请量和授权量随年代的变化趋势。2002—2008年期间专利申请量和专利

授权量件数较低且变化不大，趋于平稳；2008—2014年期间，二者均飞速增加，年均增速分别为417.60%和259.27%。从这种明显增长态势来看，目前我国企业海洋专利技术正处于较为强劲的发展期，势头良好。

图7-19　2002—2014年企业海洋科技著作出版种类（种）趋势

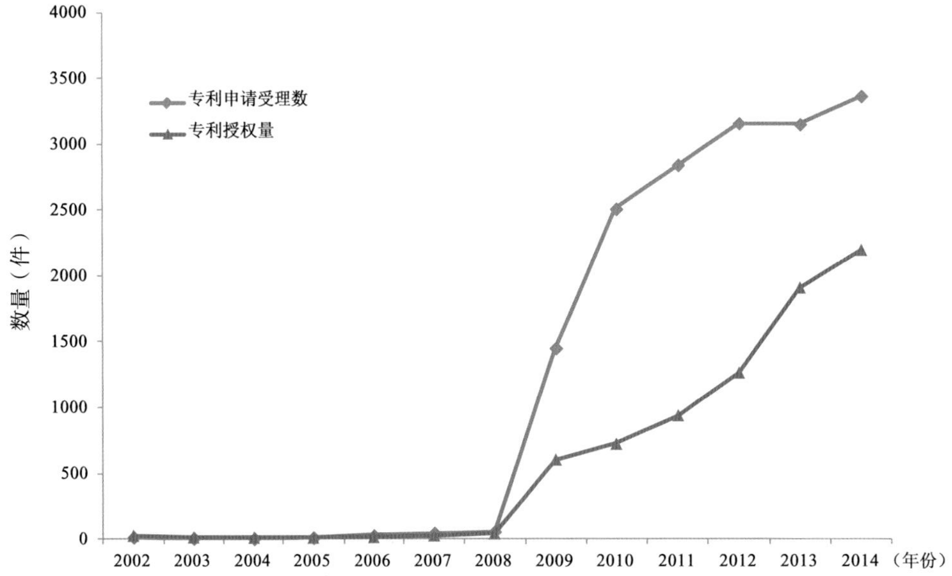

4000
3500
3000
2500
2000
1500
1000
500
0
数量（件）
专利申请受理数
专利授权量
2002
2003
2004
2005
2006
2007
2008
2009
2010
2011
2012
2013
2014
（年份）

图7-20　2002—2014年企业海洋专利申请受理数（件）和专利授权量（件）趋势

4. 发明专利占比趋于稳定

2002—2014年，企业海洋申请专利和授权专利中发明专利所占比重先逐渐增加

后趋于稳定，占专利总量的主要部分（见图7-21）。2014年，企业海洋发明专利的数量分别占专利申请量、授权量的89.09%和81.00%。

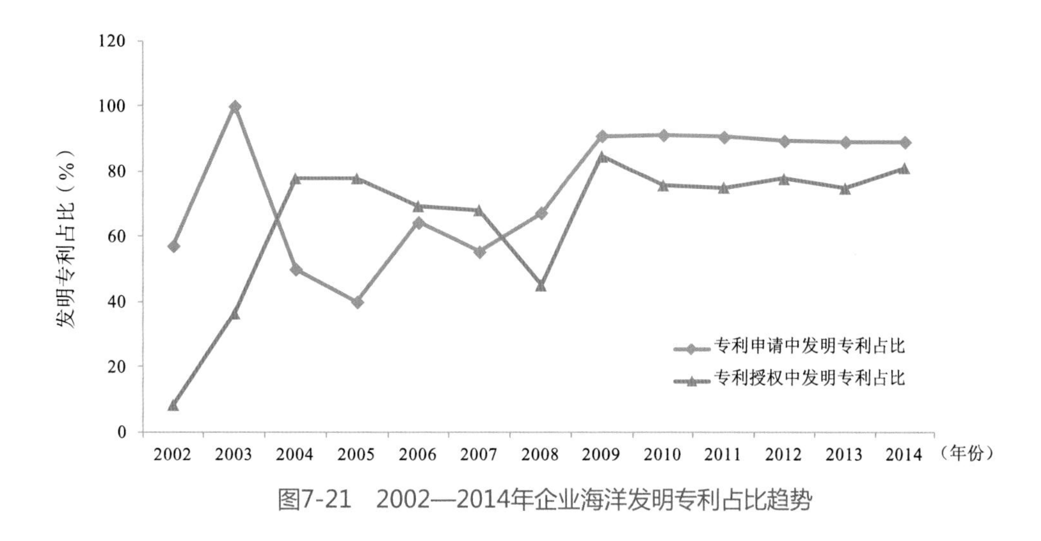

图7-21　2002—2014年企业海洋发明专利占比趋势

5. 发明专利所有权转让许可收入逐步提高

企业海洋发明专利所有权转让许可收入是指企业向外单位转让专利所有权或允许专利技术由被许可单位使用而得到的收入，包括当年从被转让方或被许可方得到的一次性付款和分期付款收入以及利润分成、股息收入等。2009—2014年，企业海洋发明专利所有权转让许可收入总体呈现上升趋势（见图7-22）。

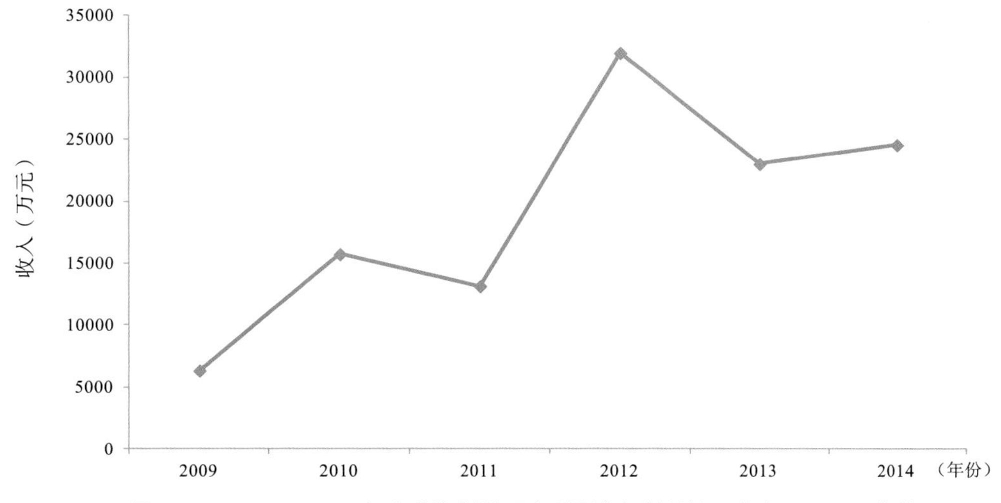

图7-22　2009—2014年企业海洋发明专利所有权转让许可收入（万元）趋势

八、我国城市海洋科技力量布局专题分析

经济新常态下，以科技为核心实现创新驱动发展成为新趋势。海洋科技创新能力是推进落实国家“海洋强国”战略和“21世纪海上丝绸之路”战略的重要支撑，充分整合现有海洋科技资源，合理布局海洋科技力量，对于国家海洋创新发展具有重要意义。

当前，国内对海洋科技力量布局研究主要集中在省级或者单一城市上，而对于全国涉海海洋科技力量总体布局状况的研究较少。对于中国海洋科技布局而言，有两个关键问题需要明确：第一，不同区域空间，在全国尺度上的海洋科技力量布局现状如何，呈现什么样的规律；第二，我国海洋科技力量布局是否存在显著的地理梯度差异，行政导向和政策导向是否发挥重要作用，当前呈现什么样的发展趋势。

鉴于此，本研究以涉海城市（见附录九）为基本研究单元，以海洋科技力量为研究对象，将科技梯度概念应用于海洋科技领域，选取海洋科技人员投入比率、海洋科技资金投入比率和海洋科技创新效率比率来构建海洋科技梯度测度公式，以衡量城市间的海洋科技梯度。在此基础上，搜集整理2001—2014年海洋科研机构的科技统计数据，测算了全国涉海城市海洋科技梯度，深入分析了我国海洋科技力量的总体布局、发展趋势和梯度规律。研究表明，我国海洋科技总体呈现强劲增长态势：区域布局呈现为“东高北高、南低中西低”；以行政为导向呈现为“北上广的强势崛起”；以政策为导向呈现为“深圳、南宁、沈阳、济南等城市的后发优势”。

(一)海洋科技梯度规律分析

海洋科技梯度是国家或地区之间在海洋科技实力上呈现的不均衡发展状况的表征，能够反映区域间海洋科技资源配置状况和海洋科技力量分布状况。搜集整理2001—2014年海洋科研机构的科技统计数据，分别从总体态势、区域空间分布、行政区划、政策导向四个角度对海洋科技人员投入比率、海洋科技资金投入比率、海洋科技创新效率和海洋科技创新效率比率进行测算（测算模型见附录八），进而得出涉海城市的海洋科技梯度。基于测算结果，总结我国海洋科技梯度规律如下。

1. 海洋科技整体实力呈现强劲增长态势

随着国家对海洋科技创新重视程度的不断提高，我国海洋科研实力不断增强，从2001年至2014年实现了质与量的双重提高。海洋科技投入方面，呈增长态势且增幅较为明显（见图8-1）；海洋科技产出方面，海洋科技论文发表数量、海洋科技著作出版数量和海洋科技专利授权数量也均保持增长态势（见图8-2）；海洋科技创新效率方面，总体呈波动上升趋势（见图8-3），其中2010年效率值最高达0.45。

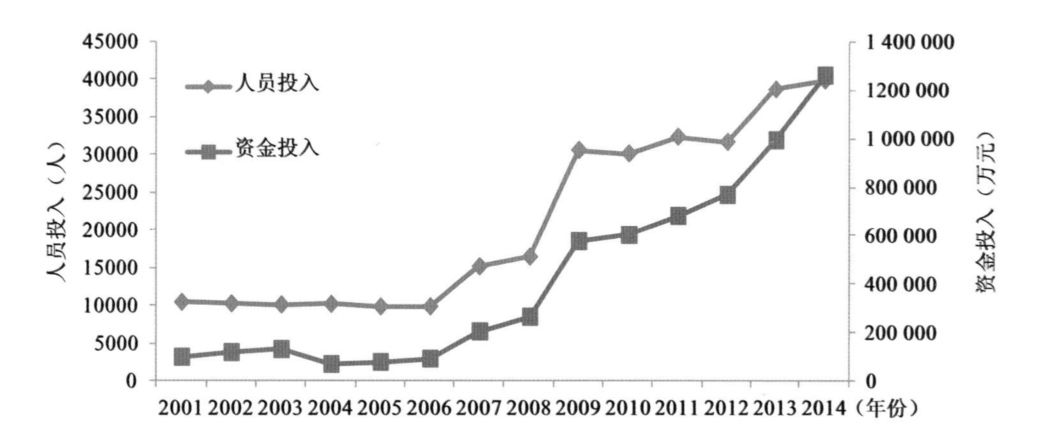

图8-1　2001—2014年全国海洋科技投入增长趋势

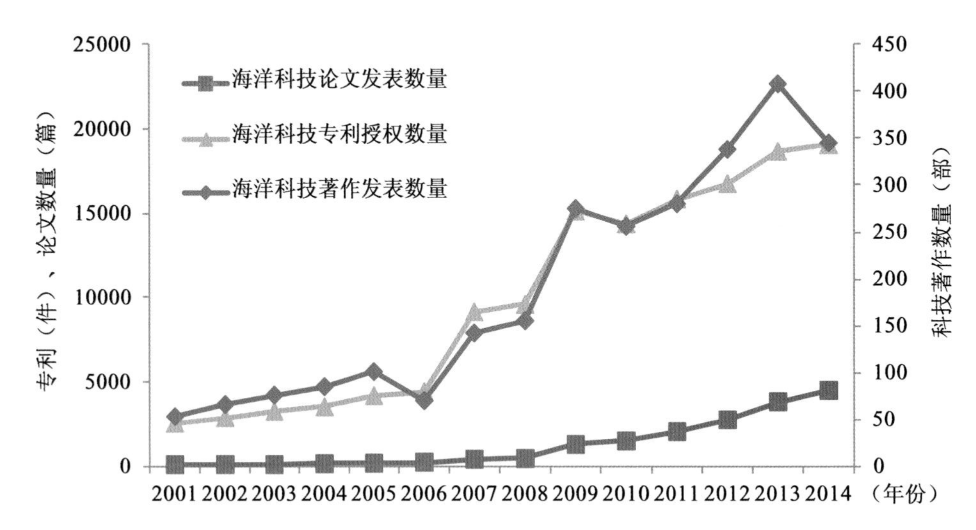

图8-2　2001—2014年全国海洋科技产出趋势

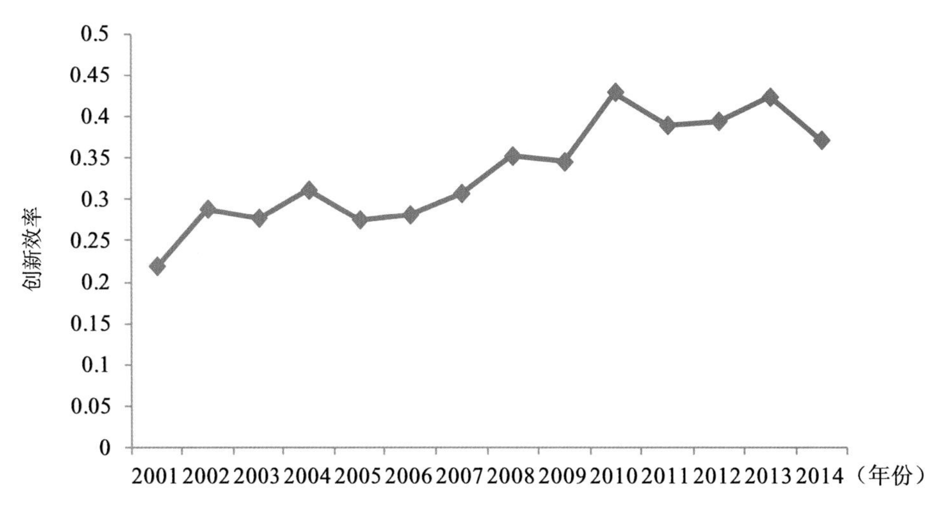

图8-3　2001—2014年全国海洋科技创新效率趋势

2. 区域空间存在“东高北高、南低中西低”布局

根据统计数据，2001—2014年已有统计资料中共涉及全国涉海城市59个。在区域空间分布上，从南北和东西两个角度将全国的涉海城市进行分类。从南北位置来看，以秦岭—淮河为界，秦岭淮河以南为南部，秦岭淮河以北为北部，其中北部城市25个，南部城市34个；从东西位置来看，结合地理位置和经济发展水平，与东、

中西部省（市、区）的划分原则保持一致，东部城市有53个，中西部城市有6个。

海洋科技投入方面，人员投入和资金投入趋势大致相同，见图8-4和图8-5（因时间轴较长，图中仅选取2001年、2003年、2005年、2007年、2009年、2011年、2013年数据代表整体趋势）。北部和南部的海洋科技投入梯度较小（见图8-4 A），2008年以前，北部和南部海洋科技人员投入和资金投入比率基本持平，2008年以后北部地区超过南部地区，2012年二者的差距最大。因与海洋距离远近存在差距，东部和中西部海洋科技人员投入相差较为悬殊，存在明显的海洋科技投入梯度（见图8-4 B）。

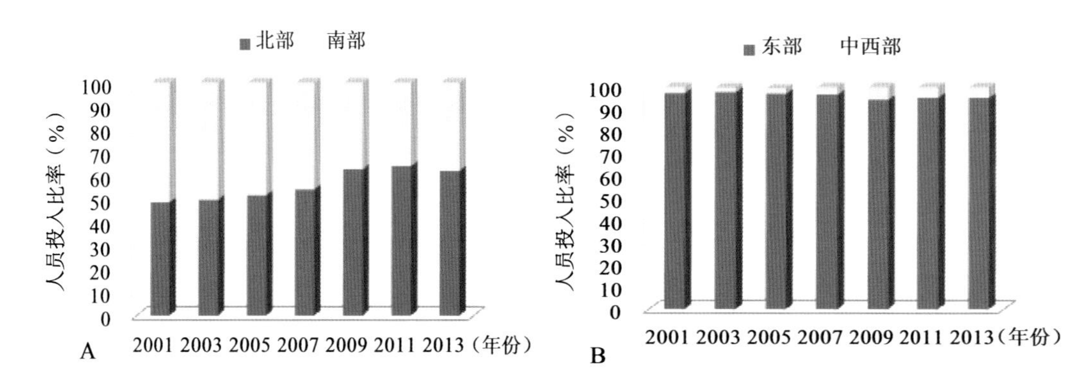

图8-4　北部和南部（A）、东部和中西部（B）海洋科技人员投入比率

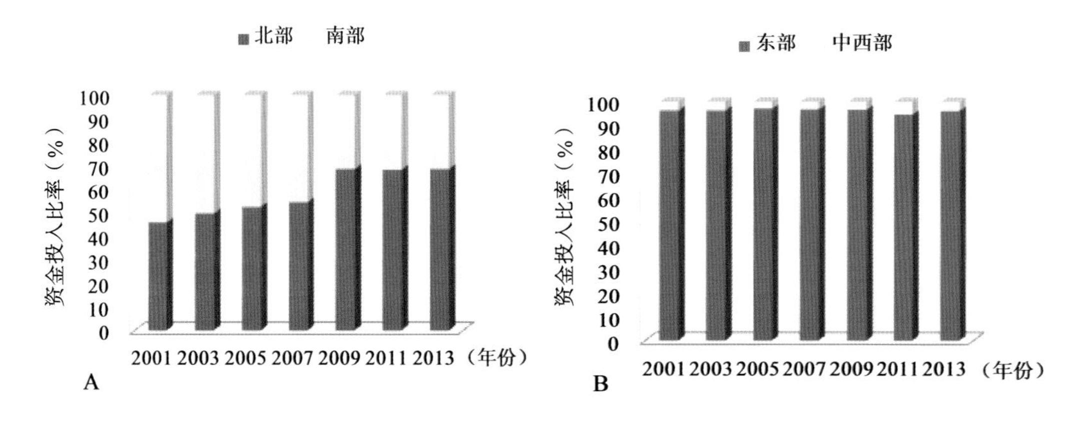

图8-5　北部和南部（A）、东部和中西部（B）海洋科技资金投入比率

海洋科技创新效率和科技效率比率见图8-6，时间轴长度同上。在海洋科技创新

效率方面，从纵向来看，2001—2014年，北部地区一直高于南部地区；中西部地区一直高于东部地区；从横向来看，2006年以前，除中西部地区外，北部、南部和东部效率均小于1，2006年以后，各区域效率基本保持在1左右，实现了投入产出在技术上的有效转化。海洋科技效率比率趋势结果与海洋科技效率基本保持一致，2006年以前，中西部地区效率比率高于全国平均水平，并高于东部地区；北部地区除2001年外效率比率低于全国平均水平，高于南部地区。综合以上结论，根据海洋科技梯度测算公式得到东部、中西部、南部、北部海洋科技梯度系数如图8-7所示，我国海洋科技力量地区分布不均衡，呈现明显的梯度差异，北部地区高于南部地区，东部地区高于中西部地区，空间梯度上呈现“东高北高、南低中西低”的布局状况。

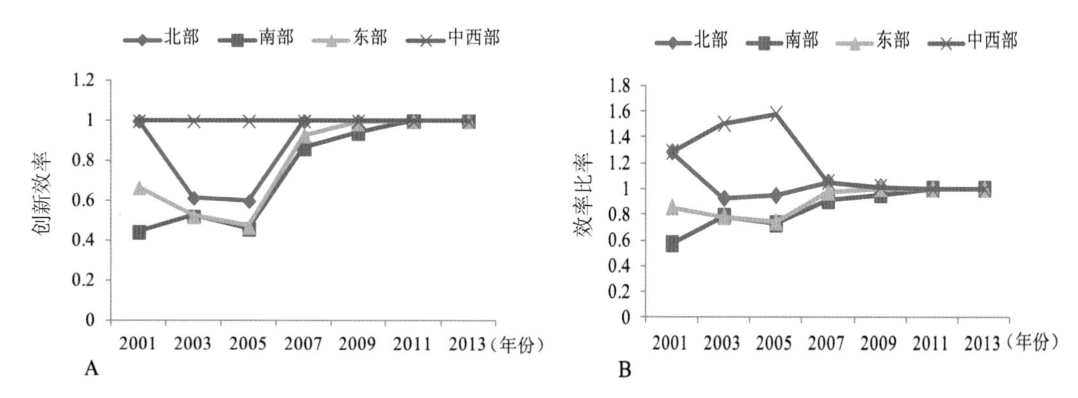

图8-6　东部、中西部、南部、北部海洋科技创新效率（A）和效率比率（B）

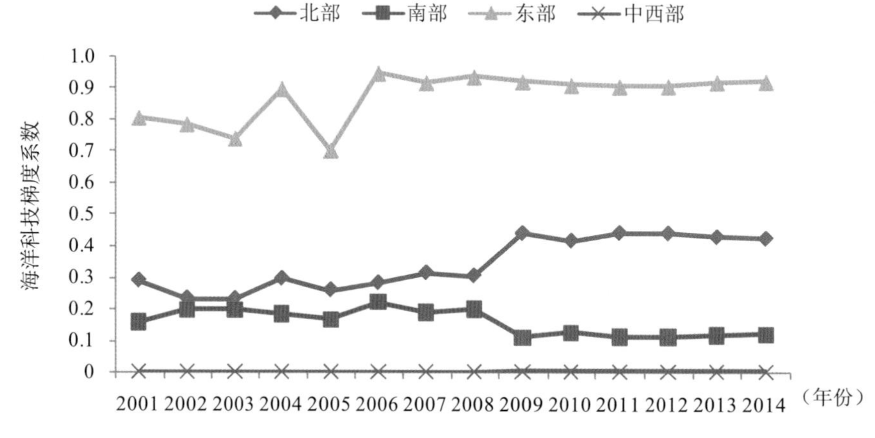

图8-7　北部、南部、东部、中西部海洋科技梯度系数

3. 以行政为导向呈现为北上广的强势崛起

通过对2001—2014年全国涉海城市海洋科技实力的测算分析发现，我国海洋科技梯度是以行政梯度为导向发展，具体表现为北京、上海、广州的强势崛起，天津、青岛的提质升级，南京、杭州、厦门、大连的稳定发展。

作为我国的政治中心和经济中心，北京从2001年到2014年实现海洋科技创新领域的强势崛起，2014年在海洋科技人员投入、海洋科技资金投入和海洋科技梯度方面均稳居全国首位。2001—2014年海洋科技人员投入和资金投入比率实现巨幅增长（见表8-1和表8-2）；2001—2014年北京海洋科技效率比率均大于1，说明科技效率高于全国水平，但总体呈现先增后降趋势，说明其效率与全国平均效率的差值越来越小（见表8-3）；2001年北京的海洋科技梯度系数排名第四，2007年及以后稳居第一（见表8-4）。

作为我国长三角、珠三角重要沿海城市，上海、广州海洋科技创新总体实力仅次于北京，各项海洋科技指标基本保持在全国二三名，其中海洋科技人员投入比率和资金投入比率增长趋势较为明显。

随着北京、上海、广州三大政治经济中心城市的强势崛起，作为传统海洋强市的青岛、天津优势不再明显，排名略降，但二者总体向提质升级方向转型，具体表现为两大特点：一是各项海洋科技创新指标数量上的绝对增加；二是由于北上广强势冲击和其他城市的快速发展带来的在海洋科技人员投入比率、资金投入比率、海洋科技创新效率比率和海洋科技梯度的相对下降。

同样作为传统的涉海城市，南京、杭州、厦门、大连四个城市海洋科技保持稳定发展，数量上呈增长态势，排名基本稳定在全国前十，大连则稍有落后。

表8-1　主要涉海城市海洋科技人员投入比率（%）

年份	北京	上海	广州	天津	青岛	杭州	厦门	南京	大连
2001	9.76	16.09	9.04	14.63	15.22	4.82	4.58	7.04	4.24
2002	9.68	15.25	9.16	15.02	15.89	4.57	5.03	5.99	4.24
2003	9.47	15.17	9.31	15.38	15.68	4.54	5.07	6.72	4.39
2004	10.59	14.75	9.44	14.66	15.71	4.37	4.88	6.80	4.20

续表8-1

年份	北京	上海	广州	天津	青岛	杭州	厦门	南京	大连
2005	10.45	12.06	10.01	15.05	15.97	4.51	4.83	7.12	4.33
2006	10.84	12.30	9.65	14.84	16.42	4.57	4.69	7.31	4.38
2007	16.33	15.54	10.79	12.18	12.78	2.81	3.34	5.41	3.42
2008	16.56	15.36	10.83	12.67	12.06	2.70	3.26	6.44	3.10
2009	35.81	13.13	6.66	6.32	7.01	2.36	1.86	5.79	1.98
2010	38.45	10.51	7.24	4.36	7.38	2.45	1.92	7.46	3.85
2011	36.91	10.56	8.01	6.35	8.46	2.25	2.09	5.24	2.11
2012	38.97	9.87	7.90	6.68	7.56	2.71	1.90	4.73	1.71
2013	35.16	10.39	8.51	5.92	7.35	2.50	2.32	3.96	2.01
2014	34.58	9.93	8.80	5.93	7.66	2.58	1.89	4.33	1.99

表8-2　主要涉海城市海洋科技资金投入比率（%）

年份	北京	上海	广州	天津	青岛	杭州	厦门	南京	大连
2001	11.80	21.38	10.19	9.92	20.16	4.09	4.00	6.34	2.06
2002	13.53	16.08	9.64	11.66	20.10	4.65	4.26	6.76	2.19
2003	14.31	13.32	9.68	12.32	18.89	5.90	4.52	7.84	1.93
2004	13.97	9.18	11.63	10.92	19.07	6.56	7.20	7.13	2.33
2005	13.78	11.78	10.72	12.48	19.78	5.34	6.45	5.51	3.34
2006	19.00	11.43	8.65	13.77	15.52	5.82	7.80	4.73	2.57
2007	26.89	16.12	12.43	9.03	10.75	5.55	3.59	3.85	1.59
2008	25.22	19.04	9.41	9.99	13.29	4.32	3.75	4.44	1.43
2009	47.03	11.85	6.47	5.21	8.34	3.05	2.50	3.65	1.18
2010	41.76	13.01	7.77	4.43	10.58	2.97	1.56	5.28	3.63
2011	43.95	11.96	6.73	5.86	8.01	2.91	3.05	2.70	1.97
2012	43.17	10.95	7.62	5.61	7.86	3.28	4.91	3.22	0.92
2013	46.85	9.97	7.38	5.04	7.07	2.34	2.22	3.01	1.26
2014	48.38	10.16	7.67	3.92	9.20	1.75	4.18	2.85	0.78

表8-3　主要涉海城市海洋科技创新效率比率（%）

年份	北京	上海	广州	天津	青岛	杭州	厦门	南京	大连
2001	1.58	1.21	2.21	0.93	4.57	2.50	1.95	2.28	0.85
2002	1.58	2.39	1.25	1.37	2.20	1.87	1.55	3.47	0.58
2003	1.79	1.23	1.37	0.84	3.19	1.43	1.27	3.61	1.57
2004	2.50	1.21	1.12	0.90	3.22	1.43	1.88	3.22	3.09
2005	1.61	0.81	1.50	1.54	1.98	1.89	1.37	3.64	0.95
2006	1.75	1.11	1.68	1.10	3.14	1.72	1.75	3.56	0.72
2007	2.98	2.25	2.49	3.09	3.26	1.65	1.12	3.26	0.87
2008	2.84	2.52	2.84	2.05	2.82	2.43	1.31	2.84	0.86
2009	2.09	1.20	1.79	0.94	2.05	1.13	1.17	1.37	0.30
2010	2.33	2.33	2.11	1.28	2.11	1.12	2.33	2.10	2.33
2011	1.66	1.40	1.63	0.95	1.81	1.28	1.17	2.52	0.44
2012	1.49	1.47	2.27	1.10	2.10	0.95	1.01	2.20	0.71
2013	1.40	1.17	1.35	0.91	1.52	1.05	0.77	1.42	0.59
2014	1.44	1.12	1.61	1.15	1.88	0.99	1.05	1.71	0.50

表8-4　主要涉海城市海洋科技梯度系数排名

年份	北京	上海	广州	天津	青岛	杭州	厦门	南京	大连
2001	4	2	3	5	1	7	8	6	10
2002	4	2	6	3	1	7	8	5	10
2003	3	2	6	5	1	7	8	4	10
2004	2	3	6	5	1	8	7	4	9
2005	3	6	4	2	1	7	8	5	10
2006	2	4	5	3	1	8	7	6	10
2007	1	2	5	4	3	7	9	6	11
2008	1	2	4	5	3	7	9	6	11
2009	1	2	4	5	3	8	9	6	15
2010	1	2	4	7	3	8	9	5	6
2011	1	2	4	6	3	8	10	5	14
2012	1	2	3	5	4	10	8	6	14
2013	1	2	3	5	4	10	12	6	14
2014	1	3	4	5	2	12	8	6	15

4. 以政策为导向呈现为南宁、沈阳、济南、深圳等城市的后发优势

在国家政策引导下，一些沿海城市和内陆省会城市充分发挥后发优势，实现了海洋科技实力的快速发展。其中，深圳作为沿海城市代表，沈阳、济南和南宁作为内陆省会城市代表。

南宁、沈阳和济南初始条件较为相似，海洋科技实力全国排名从中低层上升到中上层，沈阳和南宁上升更为明显，2014年沈阳各项指标均跻身全国前十，南宁则稳定在全国前二十。海洋科技人员和资金投入比率上，南宁、沈阳和济南均呈现增长态势，2014年，沈阳的两项比率最高（见表8-5）；从海洋科技创新效率来看，三个城市呈现不规律波动趋势，就海洋科技效率比率而言，2001—2014年沈阳和济南两城市的海洋科技效率均高于全国平均水平，南宁除2002年、2009年和2014年以外也均高于全国平均效率（见表8-6）；海洋科技梯度系数方面，沈阳和济南呈现明显上升趋势，2013年和2014年沈阳海洋科技实力跻身全国前十，南宁上升趋势相对较小（见表8-7）。深圳海洋科技创新起步相对较晚，但发展尤为迅速，2014年海洋科技创新效率比率远高于全国平均水平。从2001年到2014年深圳不仅表现为数量上从无到有的巨幅增长，而且各项衡量指标的排名均跻身全国前列。

表8-5　部分涉海城市海洋科技人员投入和资金投入比率（%）

年份	人员投入				资金投入			
	南宁	深圳	沈阳	济南	南宁	深圳	沈阳	济南
2001	0.19	0.00	0.51	0.17	0.07	0.00	0.40	0.04
2002	0.20	0.00	0.44	0.19	0.07	0.00	0.56	0.06
2003	0.00	0.00	0.38	0.19	0.00	0.00	0.59	0.04
2004	0.00	0.00	0.40	0.23	0.00	0.00	0.73	0.09
2005	0.26	0.00	0.43	0.24	0.08	0.00	0.30	0.11
2006	0.24	0.00	0.44	0.12	0.10	0.00	0.50	0.12
2007	0.00	0.09	0.06	0.57	0.00	0.01	0.03	0.21
2008	0.00	0.04	0.11	0.58	0.00	0.01	0.03	0.19
2009	1.16	0.00	0.86	1.30	0.42	0.00	0.32	0.56
2010	0.68	0.02	1.15	1.31	0.20	0.01	0.46	0.27

续表8-5

年份	人员投入				资金投入			
	南宁	深圳	沈阳	济南	南宁	深圳	沈阳	济南
2011	0.65	0.03	0.73	1.25	0.20	0.02	0.34	0.65
2012	0.67	0.00	0.74	1.28	0.14	0.00	0.35	0.53
2013	1.16	2.68	2.80	1.04	0.46	2.11	1.72	0.57
2014	1.20	2.95	2.95	1.05	0.40	1.26	1.45	0.26

表8-6 部分涉海城市海洋科技创新效率和科技效率比率（%）

年份	海洋科技创新效率				海洋科技创新效率比率			
	南宁	深圳	沈阳	济南	南宁	深圳	沈阳	济南
2001	0.29	0.00	0.41	1.00	1.32	—	1.86	4.57
2002	0.22	0.00	1.00	0.69	0.76	—	3.47	2.40
2003	—	0.00	0.91	0.38	—	—	3.29	1.36
2004	—	0.00	0.85	0.44	—	—	2.74	1.41
2005	1.00	0.00	0.87	0.37	3.64	—	3.17	1.35
2006	1.00	0.00	1.00	0.42	3.56	—	3.56	1.49
2007	—	0.00	—	1.00	—	—	—	3.26
2008	—	0.00	—	1.00	—	—	—	2.84
2009	0.21	0.00	0.39	0.56	0.62	—	1.14	1.61
2010	0.89	0.00	0.49	1.00	2.06	—	1.13	2.33
2011	0.71	0.09	0.60	0.35	1.82	0.24	1.53	0.91
2012	0.73	0.00	0.49	0.51	1.85	—	1.25	1.30
2013	0.49	1.00	0.56	0.52	1.15	2.36	1.33	1.22
2014	0.34	1.00	0.52	0.53	0.92	2.70	1.41	1.44

表8-7 部分涉海城市海洋科技梯度系数排名

年份	南宁	深圳	沈阳	济南
2001	27	—	18	24
2002	31	—	15	26
2003	32	—	17	28

续表8-7

年份	南宁	深圳	沈阳	济南
2004	33	—	14	27
2005	22	—	16	27
2006	22	—	16	26
2007	36	—	36	15
2008	36	—	36	16
2009	17	—	16	14
2010	16	—	15	14
2011	18	46	16	15
2012	22	—	17	15
2013	17	7	9	16
2014	16	7	9	18

（二）结论与讨论

从2001年到2014年，我国各涉海城市的海洋科技力量与全国总体趋势一致，表现为数量上的绝对增长，并因增长幅度呈现比率情况和排名情况的升降变化，进而表现为科技力量分布上的聚集、转移、转型、稳定等趋势。探讨形成该趋势的成因，以期为国家海洋科技力量整合和布局提供技术支撑。

首先，北京、上海、广州是我国政治中心和经济中心，经济高度发达，对外开放水平高，综合竞争力强，有更多资本投入到海洋科技创新领域，同时能够吸引更多海洋领域的人才和技术的流入，为海洋科研实力的崛起和快速发展提供重要支撑。

其次，天津为直辖市，青岛、厦门、大连为计划单列市，具有一定的行政优势。此外，初始资源条件优越、海洋科技创新起步较早较快也是青岛、天津提质转型和南京、杭州、厦门和大连稳定发展的重要原因。这些城市天然的地理优势和较为雄厚的海洋科技基础为海洋科技力量的聚集奠定基础，但因受北上广强势崛起的影响，比率和排名情况呈现一定的波动和下滑。

最后，南宁、沈阳、济南和深圳4个后发优势型城市的初始发展较晚，但地缘优势和后发优势明显，因此可抓住发展机遇实现跨越式增长。南宁尤为典型，作为北部湾的重要城市，有国家政策倾斜优势、地缘优势和后发优势，随着“一带一路”战略的逐步推进，可预见未来将迎来一个发展机遇期。

（三）对策与建议

第一，以《国家海洋科技创新总体规划（2016—2030年）》、《全国科技兴海规划（2016—2020年）》等规划出台为契机，基于沿海各地区海洋科技力量布局现状和问题，优化全国海洋科技整体布局，适当考虑倾斜我国西南沿海地区，促进全国海洋科技协调发展。优化配置海洋科技资源，加快海洋科技人才、技术、资金等核心要素的流动，吸引各类创新资源向海洋科技聚集，促进发达地区海洋技术向落后地区进行转移。完善有利于海洋科学研究、成果转化和创新创业的制度机制，形成全国海洋领域敢于创新、善于创新的良好氛围。

第二，充分发挥北上广和天津、青岛等城市的核心作用，辐射并带动周边城市海洋科技向创新引领型转变，提高海洋科技资源利用效率，形成以枢纽城市为中心的海洋科技创新圈，逐步打造区域性海洋产业集群；以海洋科技带动海洋产业发展，提高海洋科技对国民经济的贡献率，扩大海洋经济规模，提高海洋经济质量，拉动海洋战略性新兴产业跨越式发展。

第三，整合跨地区涉海科技力量，建设海洋科技资源共享平台，如建设海洋虚拟研究院等海洋智库。重点加强落后地区海洋人才的培养和引进，有效增强其海洋科研力量，更好地支撑区域海洋经济发展。目前，国家海洋局的三个国家级研究所分布在青岛、杭州和厦门，应该结合西南和中南地区发展的迫切需求，在广西或海南建立国家海洋局第四海洋研究所，开展南海和北部湾海洋科学研究，加强与东盟合作交流，扭转西南中南地区海洋科技落后的局面，为当地海洋经济发展提供全方位的科技和智力支撑。

九、海洋国家实验室专题分析

青岛海洋科学与技术国家实验室（简称“海洋国家实验室”）于2013年12月获得科技部正式批复，由国家部委、山东省、青岛市共同建设，定位于围绕国家海洋发展战略，开展基础研究和前沿技术研究。海洋国家实验室高举中国特色社会主义伟大旗帜，以邓小平理论和“三个代表”重要思想为指导，深入贯彻落实科学发展观，大力实施创新驱动、海洋强国和“一带一路”战略。坚持“自主创新、重点跨越、支撑发展、引领未来”的科技发展方针，以科技体制机制改革创新为主线，以提高海洋科技原始创新能力为核心，面向海洋强国重大战略需求和国际学术前沿，按照“开放、流动、合作、共享”和“形散神不散、做事不养人、机制不僵化”的原则，依托青岛、服务全国、面向世界，以国家授权组织实施的重大科研任务和科学工程汇聚创新资源和创新团队，以开放共享的先进科研装备条件夯实创新平台，以联通全国、面向世界的网络化布局组织协同创新，以鼓励创新、容忍失败的考核机制调动创新激情，以去行政化、科研为中心的优质服务提升创新效率，建成国际一流的综合性海洋科学研究中心和开放式协同创新平台，提升我国海洋科技自主创新能力，引领我国海洋科学与技术的发展。

本章将主要从海洋国家实验室的筹建过程、管理体制与运行机制、科研进展、自主研发项目、科研成果、队伍建设与人才培养和公共科研平台建设7个方面进行介绍。

（一）筹建过程

1. 酝酿探索阶段（20 世纪 90 年代中期至 2000 年）

青岛是国家海洋科研战略布局的重点城市，新中国成立后，青岛海洋科研工作者在水产养殖、海洋调查等方面取得了一批重大突破，在国际上逐步树立了中国海洋科技中心的地位。“九五”时期以来，适应海洋科学多学科交叉融合的发展趋势，青岛的海洋科技工作者在思考和酝酿如何解决科研机构和科研力量“碎片化”的现象，形成合力联合攻关。

从国际上来看，美国、俄罗斯、英国、法国、日本等海洋强国均通过建设国家级海洋研究机构，整合和统领国内海洋科研资源和力量，抢占海洋科技制高点。世界范围内已经有美国伍兹霍尔海洋研究所和斯克里普斯海洋研究所、英国国家海洋研究中心、俄罗斯希尔绍夫海洋研究所、法国海洋开发研究院、日本海洋研究开发机构6个国家级海洋科研中心。

借鉴海洋强国经验，以管华诗、唐启升、袁业立等院士为代表的驻青海洋科技工作者共同酝酿，探索设立协同创新的体制机制，推动我国海洋科技事业更快发展。

2. 谋划推动阶段（2000 年至 2011 年）

2000年8月，中国海洋大学、中国科学院海洋研究所、国家海洋局第一海洋研究所、农业部水产科学研究院黄海水产研究所、国土资源部青岛海洋地质研究所等驻青海洋科教单位负责人共同向科技部提出建设“青岛国家海洋科学研究中心”的建议。2004年11月，5个共建单位经各主管部门同意，共同向科技部报送建设申请报告书，并参加了科技部组织的专家论证。2005年6月，科技部、山东省、青岛市和5个共建单位的主管部委签署省部共建协议，并成立省部共建协调领导小组。

2006年5月，时任国务委员陈至立听取了筹建情况汇报，指示将海洋国家实验室作为主体，科技部可以尽快予以批准筹建。之后，科技部形成“关于青岛国家海洋科学研究中心建设方案的报告”上报国务院。至此，工作重心全面转向筹建海洋国家实验室。

2006年，科技部决定启动10个重点领域的国家实验室，海洋国家实验室名列首位。2007年，建设方案顺利通过科技部、财政部组织的专家论证。

2008年4月，时任山东省省长姜大明听取海洋国家实验室的专题汇报。2008年5月，省政府第九次常务会议决定，省、市政府先期各投入5000万元，用于启动基础设施建设。

2008年5月16日，中央政治局委员，国务委员刘延东在科技部、教育部领导陪同下视察海洋国家实验室，指出：在国家海洋事业的发展中，海洋科技十分重要，不仅关系到整个社会的进步和发展，也关系到国家综合国力的提升。科技部要与财政部沟通，把好钢用在刀刃上，加强海洋国家实验室建设。

3. 全面建设阶段（2011 年至今）

党的十八大做出了建设海洋强国的战略部署。山东半岛蓝色经济区上升为国家战略后，山东省、青岛市把建设海洋国家实验室作为落实“海洋强国”战略的重大举措，全力推进。按照2007年科技部、财政部论证通过的建设方案，省市新增投资3亿元用于海洋国家实验室二期建设。

2012年3月，山东省委、省政府和青岛市委、市政府确定了“抓基建，促批复”的工作思路。由青岛市新增投资9亿元，全面启动基建工作。至此，省、市共计投入13亿元用于基础设施建设。

2013年9月，新华通讯社采编了《部分院士建议加快组建青岛海洋国家实验室》，列入“国内动态”，先后得到了中央政治局常委、国务院副总理张高丽，中央政治局委员、国务院副总理刘延东，全国政协副主席、科技部部长万钢等党和国家领导人的重要批示。为加快海洋国家实验室批复，省政府向科技部上报了《关于申请设立青岛海洋科学与技术国家实验室的函》。

2013年12月18日，科技部正式函复山东省政府，同意将建设海洋国家实验室作为深化科技体制改革的试点工作，先行先试，探索新的管理体制和运行机制。

（二）管理体制与运行机制

2015年海洋国家实验室成立首届理事会、学术委员会和主任委员会。聘请国家自然科学基金委员会原主任陈宜瑜院士担任理事长，国家11部委、山东省、青岛市及相关科研机构、特邀专家为理事；聘请管华诗院士担任学术委员会主任；聘请吴立新院士担任海洋国家实验室主任。审定发布了理事会、学术委员会、主任委员会章程及工作规则，制定完成相关制度。管理服务机构定岗定编工作基本完成，从5家常务理事单位选聘的6名中层管理干部已到岗。

1. 管理体制

海洋国家实验室由部省共建，实行科技部批准理事会管理、学术委员会指导下的主任委员会主任负责制。

科技部对海洋国家实验室工作进行宏观管理，统筹资源协调支持；财政部对海洋国家实验室的经费预算等财务工作进行管理和监督；国家相关部委给予政策、经费等方面的支持；山东省、青岛市负责协调地方资源，在基本建设、科研条件、核心研究人员及管理人员经费和配套设施等方面给予支持。

2. 组织结构

海洋国家实验室设立理事会作为决策组织，学术委员会作为学术咨询和指导组织，主任委员会作为执行组织。下设功能实验室、公共科研平台、联合实验室和服务管理机构等（见图9-1）。

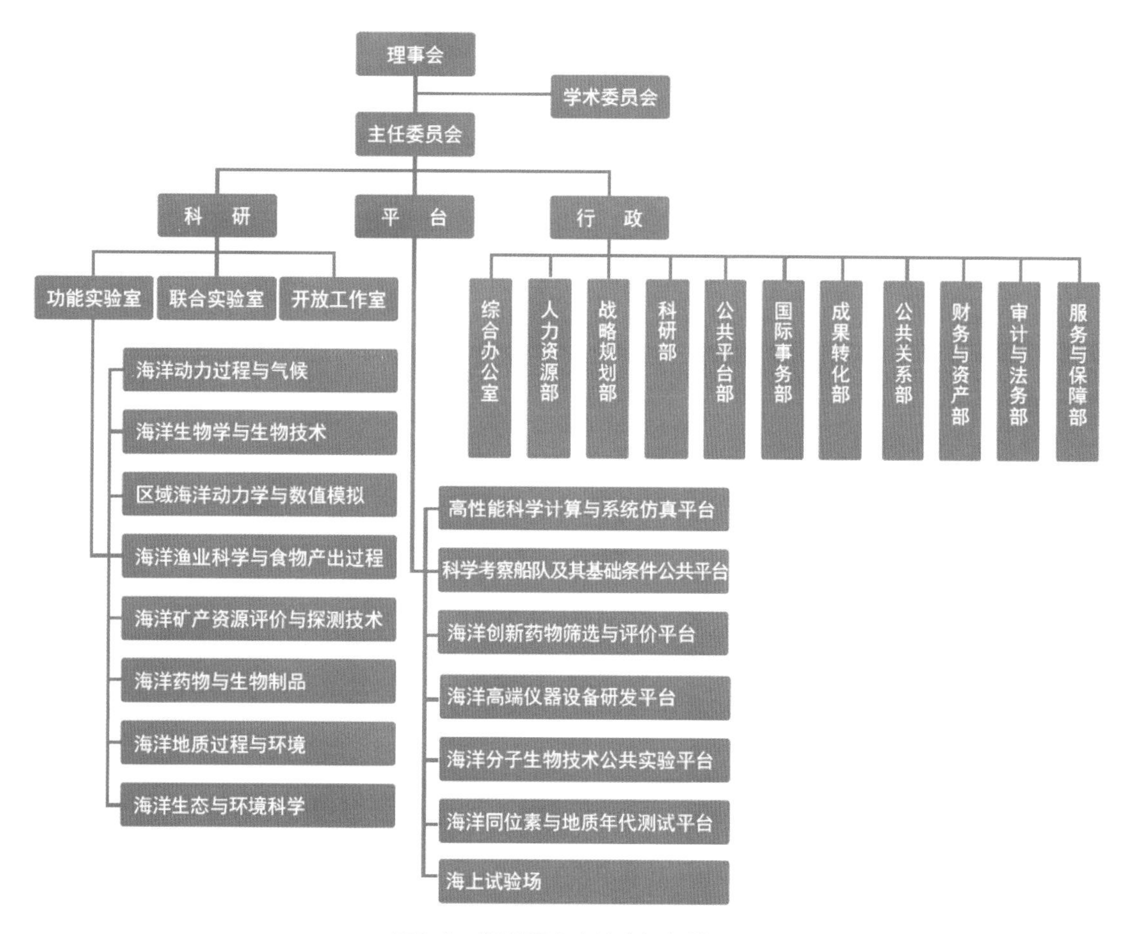

图9-1　海洋国家实验室组织结构

3. 运行机制

海洋国家实验室在“夯实基础、集聚人才，建设平台、保障支撑，方向引领、项目驱动，交叉集成、实现一流”的方针指导下，坚持“开放、流动、合作、共享”的原则，秉承“形散神不散、做事不养人、机制不僵化”的精神，以重大科研任务汇聚创新力量，以先进科研条件夯实创新平台，以网络化布局组织协同创新，以优质科研服务提升创新效率，全力建设国际一流的海洋科学与技术创新平台。

创新人员管理模式。按照重大任务需求，由首席科学家负责组建岗位聘任、项目聘用和流动人员相结合的科研团队；设置固定专业技术岗位，建设一支高素质、高水平的专业技术人才队伍，支撑科学研究平台的发展，为科研团队服务；设置少量的管理岗位，建设一支精干的管理服务团队。

改革项目管理方式。海洋国家实验室服务国家战略需求，围绕重大任务，面向全球组织实施国家级重大课题，负责直接发布指南，组织项目评审和实施，承担项目管理法人责任。

建立网络化合作机制。吸收国内外一流涉海机构的领导和专家进入决策、咨询和管理组织；与国际著名海洋科研机构交流与合作，通过联合承担课题、共建研究中心、互派专家、设备共享、联合航次等方式，逐步搭建国际海洋科研最高层次学术交流平台；积极组织和参与国际重大科技计划。

组织开展资源共享。海洋国家实验室与国内海洋科研机构建立合作共享和协同创新机制，坚持“增量带动，存量盘活”的原则，积极探索科研仪器装备、文献、样品、标本、数据等开放共享机制。

优化科技评价制度。针对不同类型研究项目，制定导向明确、激励与约束并重的评价标准和方法。基础研究实行同行评议和学术委员会评议的两级评议制度，试行国际专家独立评审制度。应用研究、产业化推广采用科技、商务“双评价”制度。

服务经济社会发展。面向海洋经济和社会发展重大需求，围绕创新链，部署资金链，统筹提高创新资源的高效、有序、可持续的开放合作，实现科学、技术、工程的有机融合。

完善成果转化服务体系。开展知识产权管理改革试点，独家或共享海洋国家实验室产出成果，并享有优先转化权。

（三）科研进展

1. 海洋动力过程与气候变化

（1）在太平洋西边界流与热带海气相互作用研究方面跻身国际前沿

*Nature*杂志邀请实验室科学家撰文系统论述太平洋西边界流及其气候效应。该文由胡敦欣院士、吴立新院士、蔡文炬博士以及多名中青年科学家共同完成（见图9-2），凸显出我国科学家在太平洋西边界流研究中的引领作用，标志着海洋国家实验室跻身热带海洋与全球变暖研究的国际前沿，彰显了协同创新的作用。

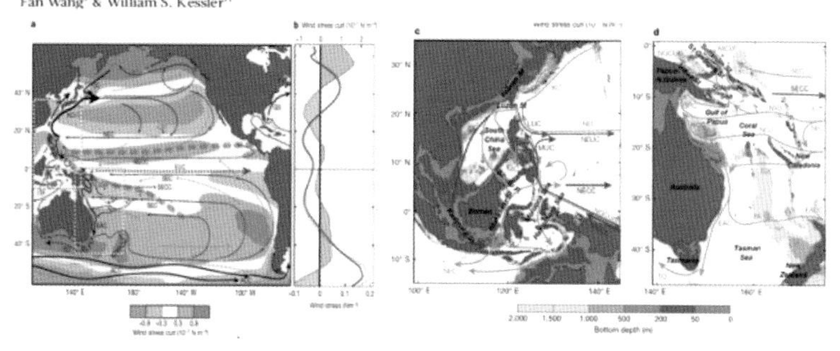
REVIEW

doi:10.1038/nature14504

Pacific western boundary currents and their roles in climate

Dunxin Hu[1], Lixin Wu[2], Wenju Cai[2,3], Alex Sen Gupta[4], Alexandre Ganachaud[5], Bo Qiu[6], Arnold L. Gordon[7], Xiaopei Lin[2], Zhaohui Chen[2], Shijian Hu[1], Guojian Wang[3], Qingye Wang[1], Janet Sprintall[8], Tangdong Qu[9], Yuji Kashino[10], Fan Wang[1] & William S. Kessler[11]

图9-2　胡敦欣等*Nature*杂志发表文章

（2）极端ENSO事件演变与预测取得重要进展

在*Nature Climate Change*发表综述文章：厄尔尼诺/南方涛动与温室气体增暖。文章全面回顾和总结了目前对极端ENSO事件特征的认识、极端ENSO事件在未来温室气体增暖场景下的变化以及与其相联系的降水遥相关的潜在变化，首次从极端ENSO事件的角度揭示出温室气体增暖背景下ENSO的变化及其与热带太平洋气候平均态变化之间的联系。

在厄尔尼诺-南方涛动（ENSO)实时预报研究方面取得重要进展。开展了对2015年厄尔尼诺事件的实时预报试验，其预报结果以中国科学院海洋研究所冠名的中等复杂程度海气耦合模式（IOCAS ICM）收录于美国哥伦比亚大学国际气候研究所作集成分析和应用。IOCAS ICM将为ENSO的研究和预测提供一个有效的数值模拟平台和预报工具，对我国ENSO模拟和预测研究起到重要的推动作用。

（3）高分辨率浪–潮–流耦合模式研制成功

基于我国发展的浪致混合理论，突破了高效并行算法和全要素高效数据同化等核心技术，在国际上率先建立了全球高分辨率海浪–潮流–环流耦合模式，显著改进了海洋模式的共性问题，对人类社会最为关注的上层海洋和近海的模拟性能得到大幅提升，为提高海洋环境预报保障以及气候系统的预测奠定了坚实的科学基础。

2. 海洋生命过程与资源利用

（1）生物形态发生机制取得重要发现

构建了生物体内细胞骨架蛋白结构形成及其位置决定的生物物理模型，预测出细胞微丝束的形成过程、方向性及周期性，解释了其在组织中位置的决定机制，并在海洋模式动物体内验证这一模型，证实除了化学信号分子，机械力也是生物体形态结构形成的重要决定因素，从而为人们理解生物体形态发生机制提供了一个全新视角。研究成果发表于eLife（封面文章）和PNAS，得到学术界广泛关注和高度评价。PNAS同期为本研究发表评述，认为该文“提出了一个全新的生物物理模型，并经实验验证阐明了机械力而不是生化分子决定了细胞骨架结构模式，对生物形态发生领域的研究具有重要参考价值”。

（2）构建了海水生态养殖新模式

构建了虾夷扇贝、刺参个体动态能量收支数值模型，分析水温、饵料可获得性对其生长、繁殖等能量分配的影响；为养殖容量评估和增养殖产业的发展提供理论指导。量化了长牡蛎、紫贻贝、栉孔扇贝生长周期的碳收支。研究结果为实施生态系统水平的生态养殖提供了理论基础。

提出并实施了桑沟湾海水养殖活动的适应性管理策略——大型海藻全季节规模化养殖、贝藻综合养殖及多营养层次综合养殖模式。建立了"对虾-海参"高盐度池塘多营养层次养殖模式；优化了"中国对虾-三疣梭子蟹-半滑舌鳎-菲律宾蛤仔"生态养殖模式。开发了鲆鲽类工程化池塘循环水养殖模式，养殖鲆鲽类生殖与生长调控机制研究获得新进展。

（3）在近海生态系统营养动力学研究方面取得重要进展

解析了近海渔业资源结构和食物网演变过程，阐释了近海放流中国对虾的资源补充过程与效应，建立了近海渔业生境贝壳礁和大叶藻草场的修复技术体系，描述了南海陆坡水域中层鱼类分布、迁移与营养动力学特征。

（4）海水养殖生物疾病控制与分子病理学研究取得重要进展

完成了牡蛎疱疹病毒魁蚶株全基因测序与分子流行病学研究。解析了工厂化养殖大菱鲆细菌病病原的多样性特点。筛选出对水产养殖鱼类病原性盾纤毛虫有显著杀灭作用的细菌。查明了导致魁蚶大规模死亡病因。解析了牡蛎疱疹病毒魁蚶株感染前后miRNA表达谱差异。对虾新发病快速检测试剂盒系列产品研制成功并广泛应用。WSSV半定量胶体金检测试纸实现规模化生产与应用。查明了池塘养殖系统中塔玛亚历山大藻毒性及与虾病变的关系。

（5）海水养殖种业技术取得重要进展

构建了牙鲆、大菱鲆、虾夷扇贝和仿刺参高密度遗传连锁图谱，在重要海洋生物经济性状及其分子机制研究方面有了新突破。

利用选育系杂交育种模式，培育出"壬海1号"凡纳滨对虾新品种，生长速度比进口一代提高20%以上，存活率比进口一代提高10%以上。建立了高通量低成本全基因组分型技术，SRAD和HD-Marker，创新了全基因组选择算法，建立了首个贝类全基因组选择条评估系统。育成高产、抗逆"蓬莱红2号"栉孔扇贝新品种。引领了水产育种技术的发展趋势。

（6）发现了一批海洋药物先导化合物

采用集成新技术的组合筛选模式，从深远海、极地及动植物共附生等特殊海洋环境（微）生物中发现一批具有抗肿瘤、抗病毒及抗炎等活性的化合物，其中153个为国际上首次发现的新结构化合物，软珊瑚来源真菌中发现的新骨架化合物Pestaloxazine A具有显著抗病毒活性，新骨架活性化合物speradines B和penicitols A被国际天然产物NPR评为热点化合物，新化合物发现的数量约占世界年均（以2011—2013年的平均值计）从海洋生物中发现新化合物的13%，凸显了海洋国家实验室在国际海洋天然产物研究中的重要地位。从南极土壤来源的树粉孢属真菌中分离得到的多硫代二酮哌嗪类化合物HDN-1，对白血病小鼠具有极强的治疗作用，机制研究发现HDN-1是一种Hsp90的新型C端抑制剂，该研究为针对这类化合物靶向Hsp90分子的分子优化与药物开发奠定了基础。

3. 海底过程与油气资源

（1）在海洋油气资源成藏机理及分布规律方面获得新认知

获取了南黄海崂山隆起深部有史以来最好的地震资料，首次发现多个大型构造圈闭。初步查明南黄海海域海相中—古生界分布面积达18万平方千米，崂山隆起面积达4万平方千米。完成目标区详查1万平方千米，崂山隆起钻探目标基本锁定。实施钻探的“勘407”轮创造了中国陆架钻探的新深度，“探海一号”平台的技术创新填补了国内30米以浅水深的空白。

（2）海洋天然气水合物成藏及实验模拟研究取得重要进展

建立了系统的天然气水合物实验测试技术体系（见图9-3），在我国水合物调查中发挥了重要作用。建立了处于国际领先地位的沉积物中天然气水合物X射线CT直接观测技术。自主研发了一批水合物模拟实验装置技术。发现了珠江口盆地迁移峡谷造成了珠江口盆地水合物空间分布的不均匀性，相对高富集水合物层发育在峡谷脊部，空间呈水道状分布特征。

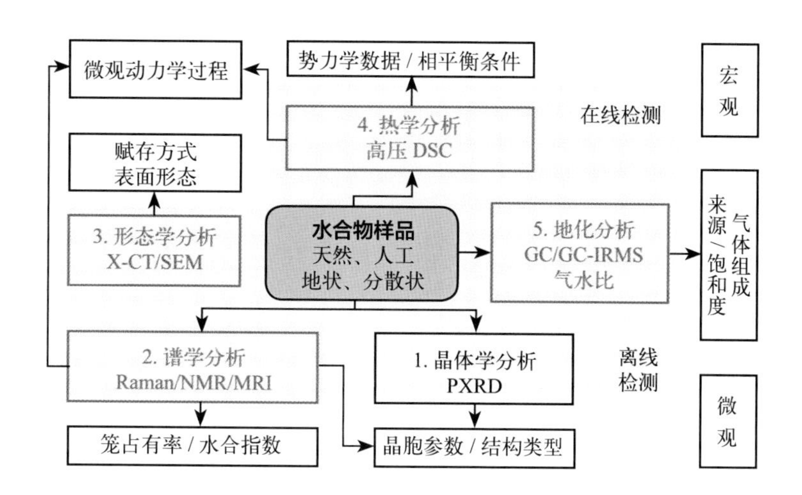

图9-3 天然气水合物试验测试技术体系

（3）揭示了西太平洋硅藻席形成机制

研究发现，冰期时上层海水成层化加强，大型硅藻充分利用风尘溶解的可溶硅，形成硅藻席。高硅藻生产力对CO_2的消耗使其成为大气CO_2的汇，对调节冰期大气浓度发挥了重要作用。

（4）大陆架科学钻井在南黄海中部隆起中—古生代海相地层首获油气显示

开展的大陆架科学探井CSDP-02孔是约3万平方千米的南黄海盆地中部隆起（又称崂山隆起）上第一口钻入前新生界的全取芯井，该井从596米井深钻入三叠系青龙组和二叠系大隆组和龙潭组，并在三叠系青龙灰岩岩芯裂隙和方解石脉渗出原油，获得较好的油气显示。CSDP-02孔迄今在海相地层获得的油气显示和所钻遇厚层的中—古生界烃源岩均属首次，对南黄海中—古生界海相油气勘探具有重要影响和推动作用，可以期待由此打开我国海域中—古生界油气勘探的帷幕，在南黄海的勘探历史上具有里程碑意义。

4. 海洋生态环境演变与保护

（1）揭示了黄海、东海生态安全效应

首次报道我国黄渤海的褐潮现象，提出了东海大规模赤潮的爆发机制，揭示了其生态安全效应。

（2）揭示了黄海大规模浒苔绿潮起源与发生原因

研究认为，黄海绿潮起源于其南部浅滩筏式养殖区，筏架梗绳上的定生绿藻被人为清除并遗弃于浅滩为起因，浒苔的强漂浮能力和快速增长率是其形成绿潮的内因，黄海南部丰富营养盐、适宜温度和季风为浒苔生长和漂浮运移提供了适宜的环境条件。

（3）在大型水母生活史策略研究方面取得重要进展

发现无性阶段生活史策略是影响水母爆发的重要生活史世代，揭示了影响水母爆发的主要环境因子（温度、盐度和饵料等）。

（4）近海赤潮治理技术取得重要突破

针对我国近海赤潮灾害，从理论研究入手，研发出具有自主知识产权的改性黏土应急处置技术，解决了影响黏土治理赤潮的关键瓶颈问题。围绕“保障重点工程”、“保护景观休闲水域”、“保障重大活动”三大任务，在我国近海得到了推广应用，保障了水环境安全，产生了显著的社会效益和经济效益。该技术获得2015年海洋工程科学技术一等奖。

（5）海洋牧场及其环境保障平台建设取得重大成效

根据“生态优先、陆海统筹、三产贯通、四化同步”原则，建立了海湾生态牧场，构建了生态安全与环境保障信息与预警预报平台，实现了科技平台网络化、合作模式多元化、牧场生产生态化、过程管理信息化。生态牧场一类水质区域大幅度增加，生物资源量提高两倍以上，成为山东“海上粮仓”示范区。国务院副总理汪洋于2015年10月调研了海洋生态牧场示范基地。

（6）揭示了黑潮对我国近海生态环境的影响

研究表明，台湾东北部黑潮次表层水入侵东海陆架，并具有季节变化：夏季最强、春季次之、秋季较弱、冬季最弱；台湾暖流近岸分支可以达到北纬32°；来源于KSSW 次表层的外海高磷水团，可入侵到浙江沿岸的次表层位置，其锋面与该海域HABs 高发区吻合。以原绿球藻（一种大洋蓝细菌）为指示生物，揭示了东海赤潮

区与黑潮输入的关联。

建立了黑潮入侵东海分支及变异的高精度西太环流模式，计算出跨200米等深线黑潮与东海水交换通量及年际变化特征：年际变化最大相差0.75 Sv，相当于长江或黄东海降水的10多倍。

5. 深远海和极地极端环境与战略资源

（1）探测评估南极半岛地区的南极磷虾资源

初步探测评估南极半岛地区南设得兰群岛周边水域的南极磷虾资源时空分布。结果显示，南极磷虾广泛分布于调查海域，高密度集群分布则相对集中，主要出现在群岛西南侧近岸及海峡水域，且在近底水层也有磷虾分布。提高了对南极磷虾资源分布的认知，对其开发利用具有重要的指导作用。

（2）在印度洋首次发现大面积富稀土沉积

在中印度洋海盆发现大面积富稀土沉积物，这是国际上首次在印度洋发现大面积富稀土沉积，有重要的潜在应用价值和科学意义。对中印度洋海盆85万平方千米范围的海底进行了调查研究，在多站沉积物样品中检测出高稀土元素含量，达到“成矿”条件。在中印度洋海盆初步划分出两个富稀土沉积区域。

6. 海洋技术与装备

智能潜标、智能浮标、深海Argo等一批海洋观测仪器研制稳步推进，南海及西太平洋潜标观测网初具规模，“两洋一海”观测计划启动建设，建立了海陆过渡带深部地震探测技术体系，深海热液喷口原位探测技术取得重要进展。

（1）建成南海—西太平洋潜标观测网

执行“两洋一海”透明海洋计划，建成南海—西太平洋潜标观测网，实现了多尺度海洋动力过程长期连续观测。过去6年多在该海域累计布放回收潜标近300套次，目前在位潜标近50套，布放回收成功率超过95%，达到国际领先水平，是目前国际上针对特定海区组网规模最大的潜标综合观测网，首次实现了从海洋中小尺度的内波、中尺度涡到大尺度环流的系统观测。

（2）深海热液喷口流体的拉曼光谱原位探测技术获得突破

使用自主研发的深海激光拉曼光谱探针，在国际上首次对马努斯热液区的黑烟囱（279℃）和白烟囱（106℃）热液喷口开展了原位探测，原位获取了高温高压热液喷口流体中溶解的H_2S、HS^-、SO_4^{2-}、HSO_4^-、CO_2和H_2的拉曼光谱；同时发现了一个新的白烟囱低温溢流区（88℃）——“科学”热液区，原位拉曼光谱显示其流体中含有大量的H_2S、HS^-、SO_4^{2-}和 CO_2。研究还提出了使用H_2S:HS^-和 HSO_4^-:SO_4^{2-}的拉曼光谱强度的比值对热液喷口流体的原位pH进行反演的新方法。

（3）建立了海陆过渡带深部地震探测技术体系

在国内首次实现了“海上放炮，海陆接收”和“陆上爆破，陆海接收”的观测方式，实现了真正意义上的海陆联测。累计布设海底地震仪OBS145台次，成功回收144台次，回收率99.3%，获得3条渤海海域海陆联合地壳结构成像试验剖面。

（4）启动国家重大科研仪器研制项目——“面向全球深海大洋的智能浮标”

“面向全球深海大洋的智能浮标”项目获得2015年度国家自然科学基金委员会“国家重大科研仪器研制项目”资金逾8200万元，是我国海洋科学领域获批的第一个国家重大科研仪器研制项目。围绕“深海大洋变化及其在全球气候系统中的作用”关键科学问题，针对目前移动平台观测存在的问题和制约，研制一种新型智能浮动观测平台（智能浮标）。该智能浮标将使海洋综合观测延拓至2000米以下深层海洋，形成对全球深层大洋的观测能力，实现我国深海大洋观测研究跨越式发展，跻身国际最前沿，将为防灾减灾、深海生物资源开发等提供技术支撑。

（四）自主研发项目

2015年组织实施海洋国家实验室鳌山科技创新计划首批项目。

1.“两洋一海”透明海洋科技工程

实施“两洋一海”透明海洋科技工程，旨在奠定一个基础：即以海洋科学基础研究的创新性突破奠定为国家可持续发展、海洋防灾减灾、海洋安全与权益、海洋环境保护及资源开发等重大需求服务的科学和技术基础。提高两种能力：一是自主发展海洋观测和遥测技术提高对海洋环境的认知能力；二是在地球系统思想指导下自主发展海洋与气候数值模式体系提高对海洋环境和气候变化的数值模拟与预测能力。建立三个面向国家重大需求的集成化研究创新体系：一是以西太平洋、东印度洋环流系统及其洋际交换为重点的区域海洋动力学研究体系；二是以系统理论为基础的多运动形态耦合的新型海洋与气候数值模拟体系；三是以海洋观测、遥测技术和海洋与气候数据分析方法创新为特点的海洋立体认知体系。

由海洋国家实验室所属的海洋动力过程与气候功能实验室、区域海洋动力学与数值模拟功能实验室、海洋生物学与生物技术功能实验室、海洋生态与环境科学功能实验室、海洋地质过程与环境功能实验室、海洋渔业科学与食物产出过程功能实验室联合成立项目组。

2. 蓝色生物资源开发利用项目

以实现海洋生物群体资源、遗传资源和产物资源的全面可持续利用为目标，通过从基础研究、前沿技术、共性关键技术研发及应用示范的全链条一体化部署，完善近海健康养殖和资源养护的基础理论、核心关键技术，构建海洋牧场等新生产模式。优化环境友好型捕捞装备和技术体系,合理开发利用近海渔业资源。突破离岸深水生产平台构建关键技术，研制智能化养殖关键配套设施，研发专业化、多功能工程作业船，构建离岸深水养殖工程化新模式。开发极地渔业资源，维护国家极地权益，助力实施“一带一路”国家战略。开拓海洋药用生物资源，突破海洋药物与生物制品研发关键技术，形成具有中国特色的国家海洋药物创新体系，研制海洋创新药物与海洋生物制品。按照长远规划、分步实施的原则，着力打造一批新技术、新装备、新模式和重大产品，形成产业链完整的产业集群，构建科技创新发展战略智库，培育和集聚创新、创业核心团队，成为海洋生物资源开发理论和技术创新的发祥地，新兴产业和新业态兴起的策源地，为蓝色生物资源开发利用提供强有力的科技支撑。

由海洋渔业科学与食物产出过程功能实验室、海洋药物与生物制品功能实验室、海洋生物学与生物技术功能实验室、海洋生态与环境科学功能实验室联合成立项目组。

3. 亚洲大陆边缘地质过程与资源环境效应研究

面向国家经济建设、国防建设、海洋权益维护和“海上丝绸之路”建设对海洋地质的重大需求，结合亚洲大陆边缘形成演化和资源储藏等重大前沿科学问题，完成对西太平洋和东印度洋海底地质作用过程、海底矿产资源分布规律、海底环境变异和演化历史、重大海底灾害的全面探测和认知，实现对重点区域矿产资源评价预测、海底环境变化和重大灾害预测与防治能力的重大突破；揭示欧亚、太平洋和印度—澳大利亚三大板块之间相互作用的演变与机理，从深部地球动力学结构上认识影响亚洲大陆边缘海发育的主控因素，阐明大陆边缘演化对环境气候变化和海底灾害的影响；开拓海洋矿产资源新区、新层位和新领域，研发先进的具有自主知识产权的海底探测技术与装备，构建亚洲大陆边缘海底资源环境安全保障服务系统，形成深海海底探测的关键技术体系及产业化基地。

由海洋矿产资源探测与评价功能实验室和海洋地质过程与环境功能实验室联合成立项目组。

（五）科研成果

2015年，海洋国家实验室在论文发表、专利申请和成果奖励方面取得重要突破。

1. 论文数量

共发表论文1670篇，SCI、EI等论文占比情况如图9-4，其中*Nature*及其系列期刊论文9篇。出版专著6部。

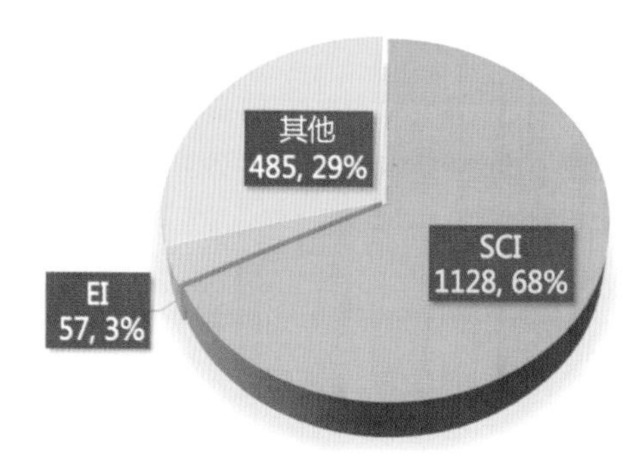

图9-4　2015年海洋国家实验室论文发表情况

2. 各项奖励

获各级各类科技成果奖励26项（次）。其中，“刺参健康养殖综合技术研究及产业化应用”项目获国家科技进步二等奖；“深海大洋能量传递的过程与机制及其对大气动力过程影响研究”项目获教育部自然科学一等奖；“我国大河三角洲的脆弱性调查及灾害评估技术研究”项目获海洋科学技术一等奖；“我国近海地质调查与研究”项目获海洋工程科学技术一等奖；中国海陆及邻区地质地球物理系列图（1:500万）获中国地球物理学会科学技术进步一等奖。

3. 专利数量

获国家发明专利138项，获国家实用新型专利28项，获国际PCT发明专利1项；登记软件著作权4项。

（六）队伍建设与人才培养

实施了“鳌山人才”计划，对标国际、面向全球，重点选拔培养一批能引领海洋重大基础科学前沿研究、关键技术发展的高层次中青年科技人才和技术骨干。2015年，遴选出33位鳌山人才，其中，17人获卓越科学家专项支持，16人获优秀青年学者专项支持。

增选宋微波为中国科学院院士；艾庆辉、王厚杰获国家自然科学基金杰出青年基金项目资助；高珊、张国良、李平林、鄢全树获国家自然科学基金优秀青年基金项目资助；“西太平洋海洋环流动力过程”团队入选国家自然科学基金委创新群体。

（七）公共科研平台建设

1. 高性能科学计算与系统仿真平台

高性能科学计算与系统仿真平台主要包括高性能计算、系统仿真、数据存储及信息共享三个子平台，为海洋数值模拟、海洋系统仿真、海洋数据资料整合共享提供硬件支持和技术支撑。一期拟建成计算能力600TFlops，存储容量达到3PB。目前，集群系统招标工作现已全部完成，下一步将重点推进机房系统工程建设、集群主机系统到位等工作，2016年3月底投入运行。

2. 海洋创新药物筛选与评价平台

海洋创新药物筛选与评价平台瞄准国际新药创制的前沿方向，通过利用分子细胞生物学、现代药理学及其他高新生物技术手段，发现可用于疾病治疗、预防、早期诊断和预后判断的新靶标及生物标志物。2015年8月该平台建设计划任务书通过专家评审，一期建设专项经费拨付到位，2016年至2017年将加快促进平台基础条件建设，并初步建立成套的运维管理体系和共享评价机制。

3. 科学考察船队及其基础条件公共平台建设

分步建设科考船队共享机制：一是以专项经费管理船时共享；二是以“透明海洋”等国家重大任务为牵引，组织开展大规模海洋调查，形成海洋国家实验室专业的海上作业队；三是规划与中国海洋大学共建“东方红3”号科考船，并共享船时，探索建设以“东方红3”号为旗舰、包括“科学”号的船时共享船队。

十、我国海洋经济创新发展区域示范专题分析

为贯彻落实党的十八大报告提出的“提高海洋资源开发能力，发展海洋经济，保护海洋生态环境，坚决维护国家海洋权益，建设海洋强国”的要求和国务院《关于加快培育和发展战略性新兴产业的决定》，2012年5月，财政部、国家海洋局联合下发通知，明确提出以发展海洋生物等战略性新兴产业为抓手，集中资金支持山东、浙江、福建和广东4省及计划单列市开展海洋经济创新发展区域示范。2014年，财政部、国家海洋局又批准江苏省和天津市成为全国海洋经济创新发展区域示范地区，批复了其区域示范实施方案。

2012—2014年，我国海洋经济创新发展区域示范取得了卓越成果，在成果转化与产业化、海洋产业公共服务平台和海洋公益性行业科研专项等方面均取得明显效果，未来发展趋势良好。

（一）山东省区域示范实施情况

山东是海洋大省，海岸线长3345千米，约占全国的1/6，拥有326个海岛，200多个海湾，海域面积15.95万平方千米，发展海洋经济具有得天独厚的优越自然环境条件。近年来，在财政部、国家海洋局大力支持下，山东省结合实施山东半岛蓝色经济区发展战略，积极创新体制机制，完善工作格局，充分发挥财政政策的导向作用，扎实开展海洋经济创新发展示范，在推动现代海洋经济发展方面取得了突破性进展。

2012—2014年，山东省海洋经济创新发展区域示范产业创新能力方面的研发经费投入逐年增加（见图10-1）。其中企业投入占研发投入的主要部分，2013年和2014年占比都超过90%（见图10-2）。

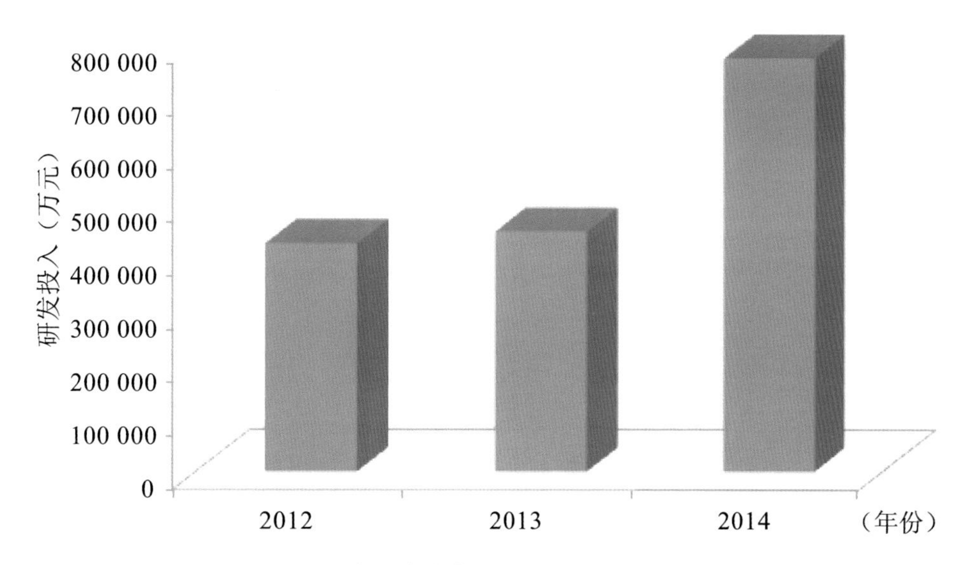

图10-1 2012—2014年山东省海洋经济创新发展区域示范研发经费投入

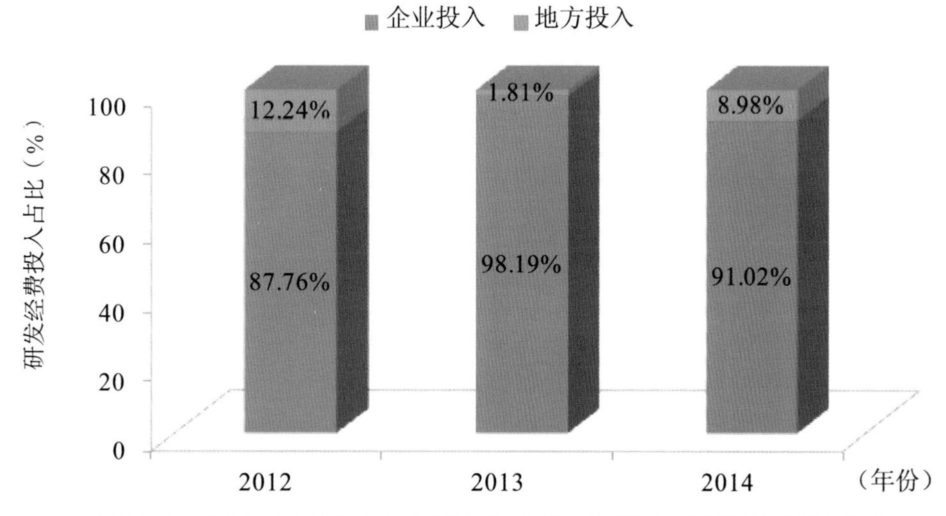

图10-2 2012—2014年山东省海洋经济创新发展区域示范研发经费投入构成

2012—2014年，山东省海洋经济创新发展区域示范的企业研发中心、工程中心或中试基地建设数量呈明显增长态势（见图10-3）。

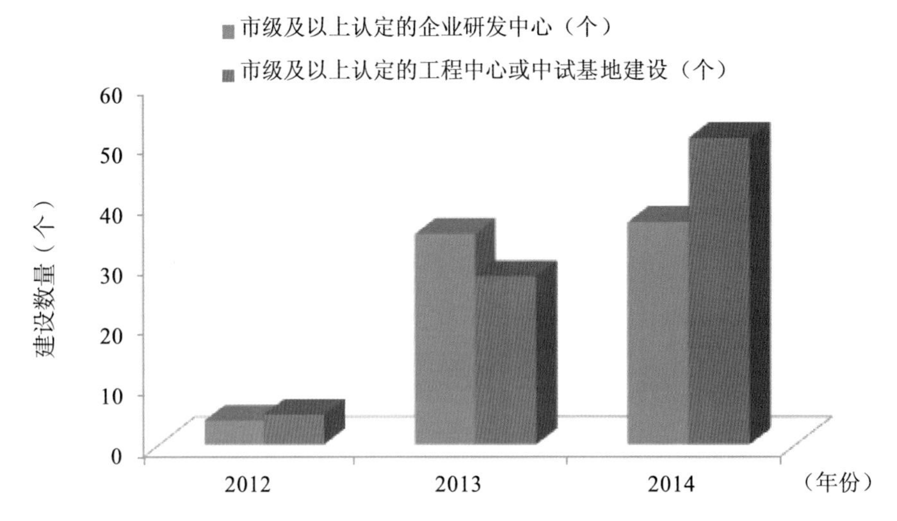

图10-3　2012—2014年山东省海洋经济创新发展区域示范的企业研发中心、工程中心或中试基地建设数量

2013—2014年，山东省海洋经济创新发展区域示范创新技术形成成果方面，发明专利申请数量有所下降，由2013年的779件下降至2014年的535件（见图10-4）。

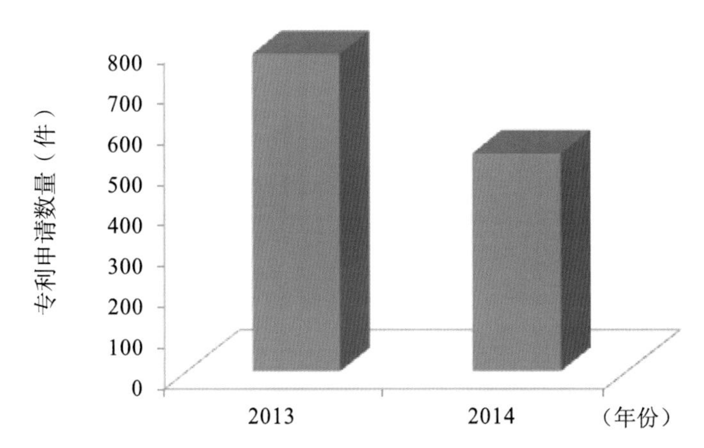

图10-4　2013—2014年山东省海洋经济创新发展区域示范发明专利申请数量

2012—2014年，山东省海洋经济创新发展区域示范创新技术成果转化数量逐年增加，年均增长率达到36.38%，创新技术成果转化情况良好（见图10-5）。

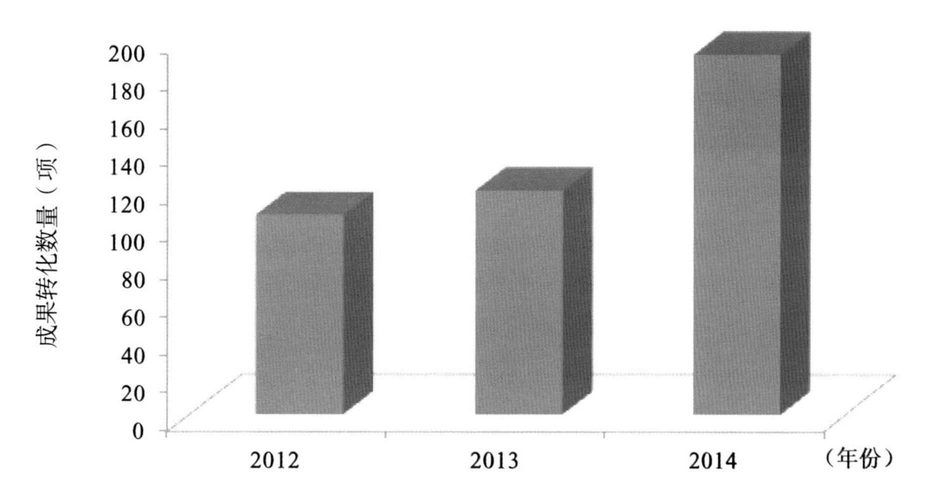

图10-5　2012—2014年山东省海洋经济创新发展区域示范创新技术成果转化数量

战略性新兴产业企业及聚集区方面，2014年山东省海洋经济创新发展区域示范的新产品产值迅速增长（见图10-6）。

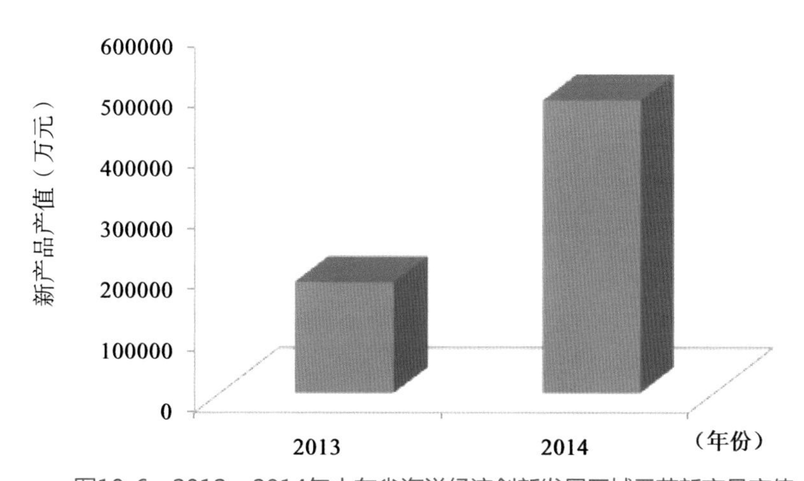

图10-6　2012—2014年山东省海洋经济创新发展区域示范新产品产值

龙头企业培育数量2012—2014年逐年增长，中小型企业培育数量2013年迅速增加，2014年有所减少（见图10-7）。

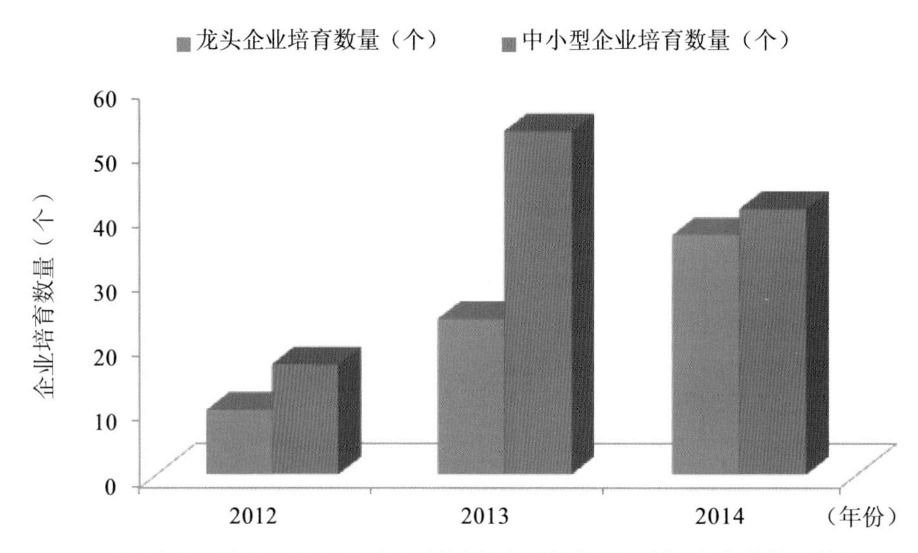

图10-7　2012—2014年山东省海洋经济创新发展区域示范企业培育数量

省部级及以上的产业示范基地或园区2012—2014年迅速增长，年均增长率达到100.33%（见图10-8）。

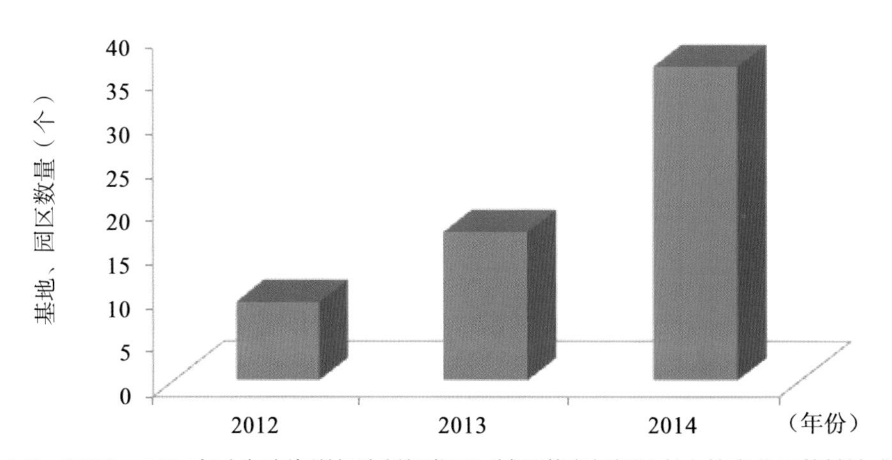

图10-8　2012—2014年山东省海洋经济创新发展区域示范省部级及以上的产业示范基地或园区数量

（二）福建省区域示范实施情况

2012—2014年，福建省海洋经济创新发展区域示范产业创新能力方面的研发

经费投入逐年增加（见图10-9）。其中企业投入大于地方投入，并且占比在增加，2014年企业投入占比达到54.55%（见图10-10）。

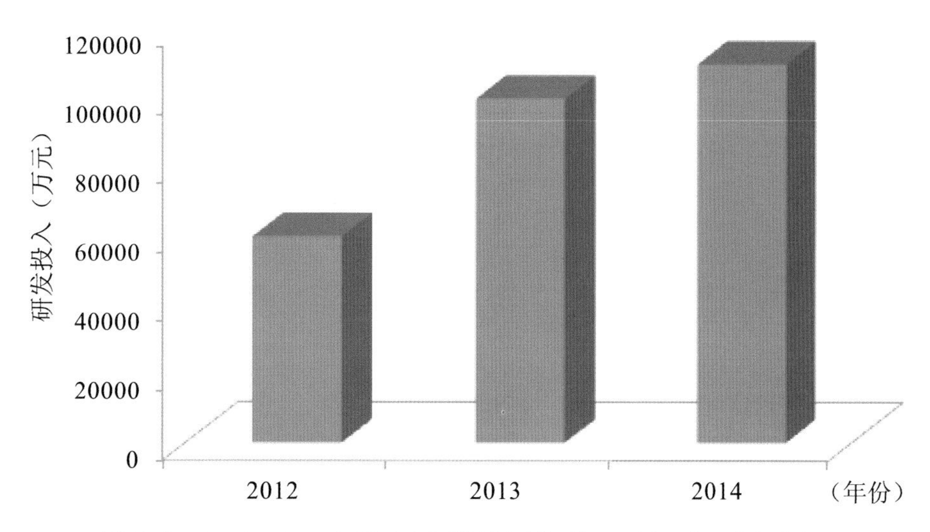

图10-9　2012—2014年福建省海洋经济创新发展区域示范研发经费投入

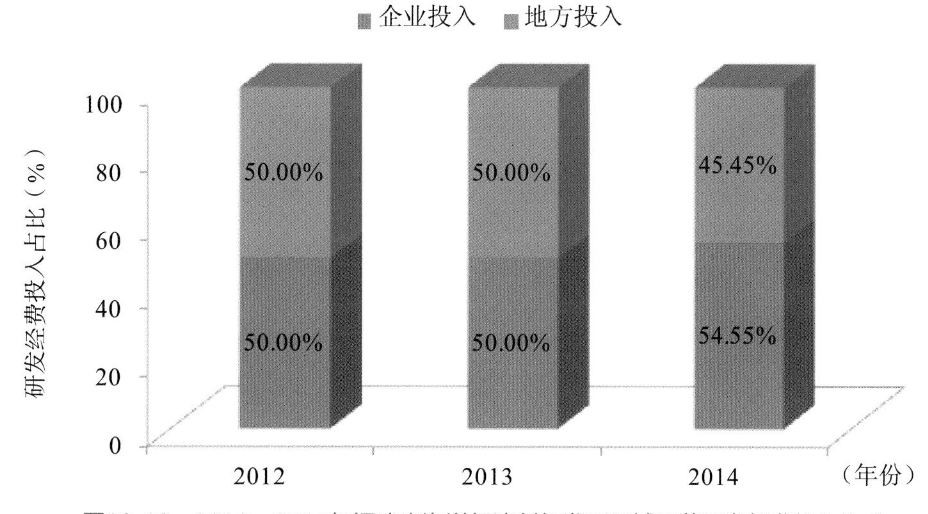

图10-10　2012—2014年福建省海洋经济创新发展区域示范研发经费投入构成

2012—2014年，福建省海洋经济创新发展区域示范的企业研发中心、工程中心或中试基地建设逐年增加（见图10-11）。

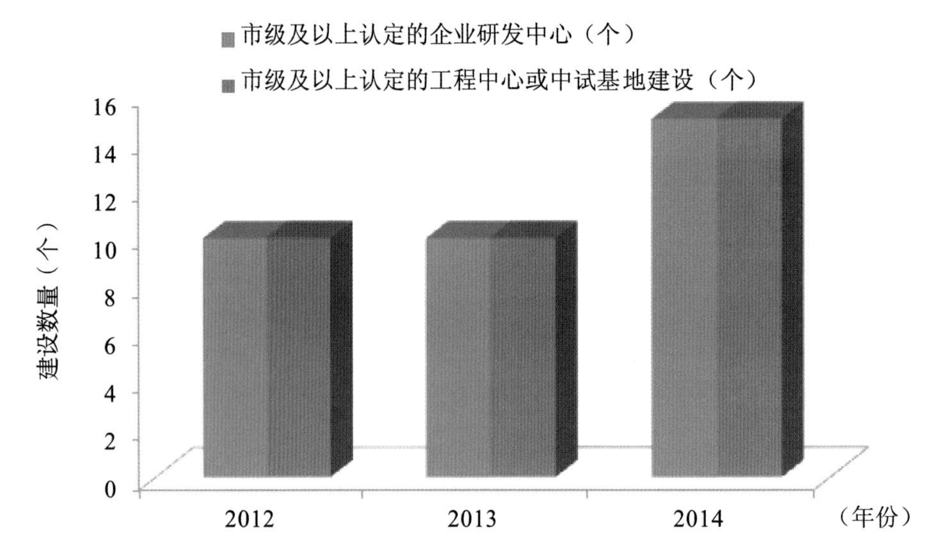

图10-11　2012—2014年福建省海洋经济创新发展区域示范的企业研发中心、工程中心或中试基地建设数量

2013—2014年，福建省海洋经济创新发展区域示范创新技术形成成果方面，发明专利申请数量由2013年的31件增加至2014年的89件，增长迅猛（见图10-12）。

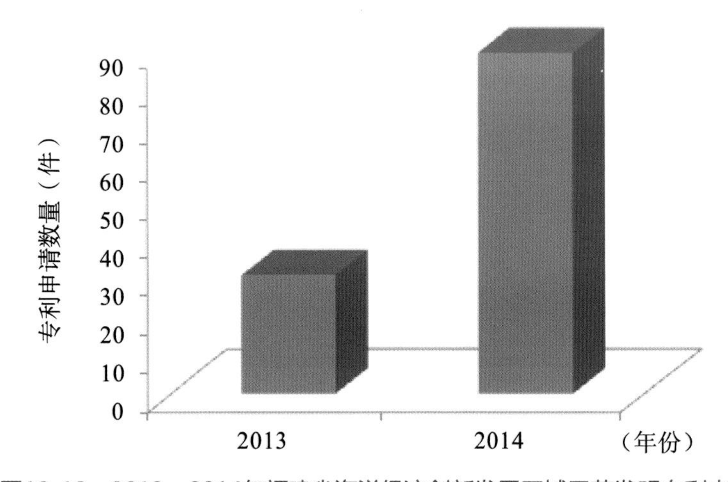

图10-12　2013—2014年福建省海洋经济创新发展区域示范发明专利申请数量

2012—2014年，福建省海洋经济创新发展区域示范创新技术成果转化数量增长迅猛，年均增长率达到123.88%，创新技术成果转化情况喜人（见图10-13）。

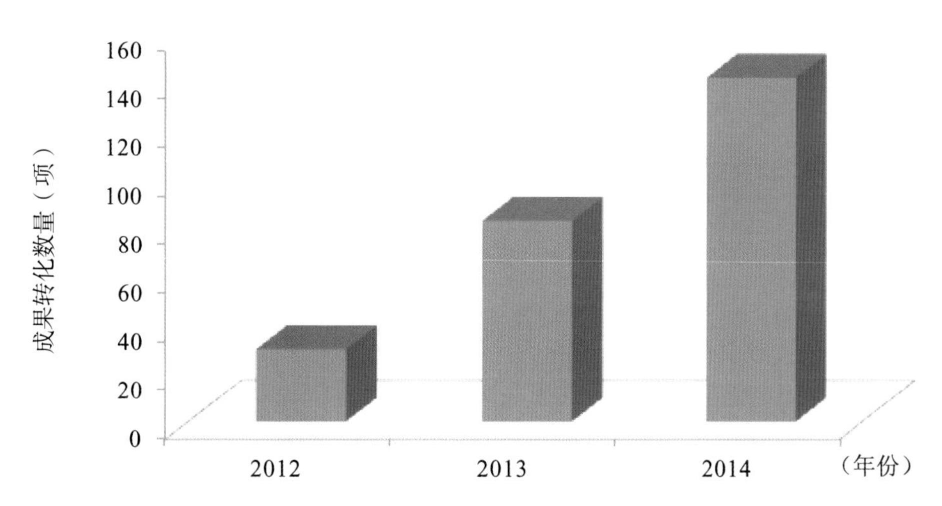

图10-13　2012—2014年福建省海洋经济创新发展区域示范创新技术成果转化数量

战略性新兴产业企业及聚集区方面，2012—2014年福建省海洋经济创新发展区域示范的新产品产值明显增长，2014年涨势最为迅猛（见图10-14），年增长率达到102.31%。

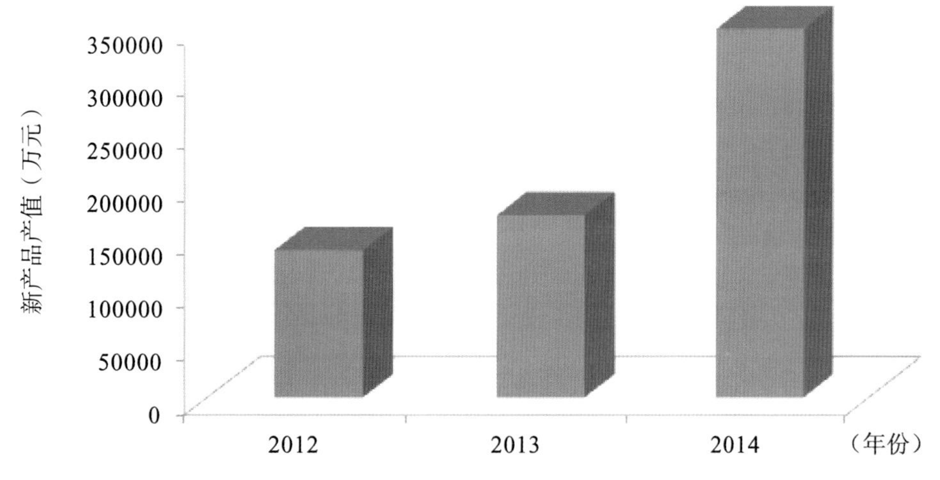

图10-14　2012—2014年福建省海洋经济创新发展区域示范新产品产值

中小型企业培育数量2012—2014年逐年增长，龙头企业培育数量2013年迅速增加，数量达到2012年的12倍多，但2014年有所减少（见图10-15）。

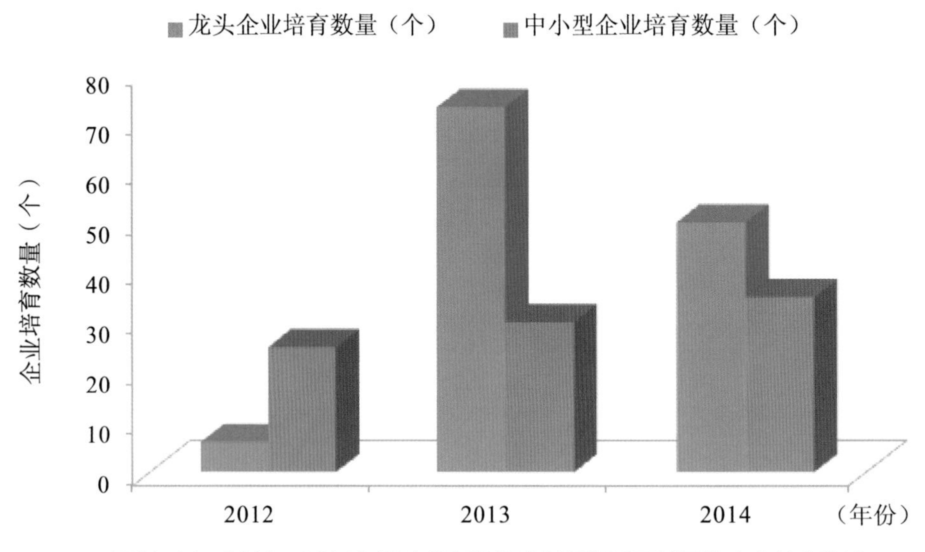

图10-15　2012—2014年福建省海洋经济创新发展区域示范企业培育数量

省部级及以上的产业示范基地或园区2012—2014年逐年增长，年均增长率达到62.50%（见图10-16）。

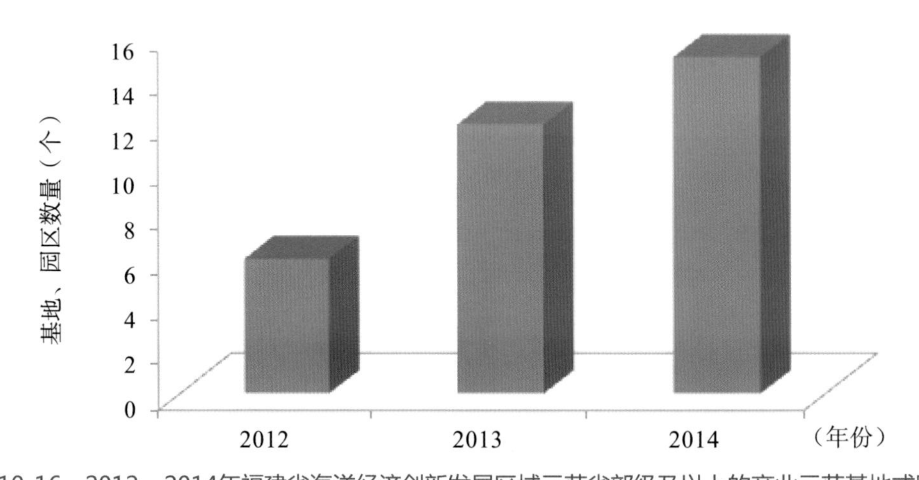

图10-16　2012—2014年福建省海洋经济创新发展区域示范省部级及以上的产业示范基地或园区数量

（三）广东省区域示范实施情况

2014年，广东省海洋生产总值达13500亿元，同比增长13.80%，占全省地区生

产总值的19.90%，占全国海洋生产总值的22.50%，继续保持全国领先。海洋第一、第二、第三产业比例调整为1.7∶47.4∶50.9，提前实现《广东海洋经济综合试验区发展规划》提出的海洋经济总量和海洋三次产业比例调整目标。

2014年，广东省严格按照《广东省海洋经济创新发展区域示范总体工作实施方案》的要求抓好年度总体目标落实，资金投入、成果转化与产业化、产业公共服务平台建设、海域海岸带整治修复、协同创新机制和产业创新能力建设等各项指标，完成情况良好。

资金投入方面，2014年广东省海洋经济创新发展区域示范各领域投入超过50亿元，其中研发投入超过2.50亿元；2014年新增实施成果转化与产业化和产业公共服务平台项目8个（含深圳），项目预算投资1.50亿元。

海域海岸带整治修复方面，2014年广东省立项实施和在建海域海岸带整治修复工程项目15个，珠三角地区已建立核心示范区面积超过2万亩；粤东、粤西示范区面积近3万亩。广东近岸海域环境功能区水质符合国家《海水水质标准》达93.50%。

海洋产业公共服务平台、行业公益专项项目实施、协同创新中心建设方面，2014年广东省海洋产业公共服务平台项目建设全面推进，海洋天然产物化合物库制备了799个海洋生物代谢物单体分子，共入库799个化合物，超额完成2014年制备任务。海洋公益性行业科研专项项目顺利实施，已形成新产品（新材料、新工艺等）19项，发表各种科技论文36篇，申请国内外专利22项，获得省部级以上科技奖励2项。

产业创新能力方面，2014年广东省海洋公益专项与成果转化项目新形成专利与成果151项，转化领先技术成果45项。“南海资源开发与保护协同创新中心”启动建设并成立相关技术创新战略联盟。现有市级以上企业技术研发中心、工程技术中心和中试基地建设共47家。已建成各类海洋新兴产业示范基地、产业化园区50个以上。

产业发展方面，2014年广东省海洋经济创新发展区域示范的产业年销售收入达529亿元，实现税收29亿元以上，与上年相比，产业新增产值98亿元以上。新培育年产值超10亿元的企业10个以上。

（四）江苏省区域示范实施情况

2014年，江苏省海洋生产总值5463亿元，同比增长10%，海洋第一、第二、第三产业比例为4.2：49.5：46.4，其中海洋装备产值突破500亿元，海水利用业超亿元。总体来看，以海洋工程装备为主体的海洋战略性新兴产业呈现出较快发展态势，年增长率超过50%。

2014年，江苏省海洋经济创新发展区域示范完成总投资10.02亿元（包含财政资金补助项目在内的34个库内项目），其中研发投入0.46亿元，实现新增产值12.92亿元，实现销售收入10.16亿元，利税1.22亿元；申请专利103项，转化成果30项，培养高级职称以上人才290名，培育龙头企业13个，形成省部级及以上产业示范基地或园区6个，建设市级及以上认定的企业研发中心、工程中心或中试基地36个。全省海洋装备和海水淡化产业产值达到500亿元。

（五）天津市区域示范实施情况

2014年，天津市海洋经济生产总值实现5027亿元，比2013年增长13.70%，约占全市生产总值的32%，提前一年实现“十二五”规划目标。单位海岸线产出海洋经济规模达到33亿元，是全国平均水平的10倍，位居全国前列。

2014年，天津市海洋经济创新发展区域示范启动国家批复重点项目38项，计划投资9.44亿元，实际完成投资8.62亿元，投资完成率达到91%；完成成果转化33项，申请专利188项，新增产品22项，新增新技术新工艺27项，新增行业技术标准28项；围绕项目共新建或使用国家级研发中心1个，市级研发中心8个，企业研发中心7个，市级工程技术中心3个，培育企业26家，其中规模以上企业12家，新建企业4家。

2014年，天津市海水综合利用产业实现增加值4.50亿元，其中海水淡化和海水直接利用1.40亿元，浓海水制盐、化工等综合利用3.10亿元。海洋装备制造产业实现增加值480亿元。2014年，天津市科技兴海立项26个，财政支持专项经费1889万元，带动企业和科研院所等配套经费4339万元，预计形成经济效益5亿至6亿元。

（六）浙江省区域示范实施情况

2014年，浙江省实现海洋生产总值5920亿元，比上年增长9.5%，其中第一产业434.67亿元，第二产业2387.30亿元，第三产业3098.03亿元，分别比上年增长7.03%、8.59%、10.59%。海洋第一、第二、第三产业比例为7.3∶40.3∶52.4。浙江省海洋经济约占全国海洋经济总量的10%。2014年浙江海洋及相关产业从业人员170万人。浙江省海洋经济占地区生产总值的比重由2009年的12%上升达到2014年的14.74%，海洋经济增长速度明显高于国民经济增长。

2014年国家安排浙江省海洋经济创新发展区域示范中央财政项目资金共 1.75亿元，引导地方财政资金2.66亿元，吸引社会资金395.01亿元，有效带动了海洋生物高效健康养殖产业、海洋生物医药与制品产业、海洋装备产业三方面的发展。

2014年，浙江省海洋经济创新发展区域示范45个成果转化及产业化项目带动相关海洋战略性新兴产业新增产值22.47亿元，相关海洋战略性新兴产业销售收入142.31亿元，相关海洋战略性新兴产业税收2.28亿元；项目研发投入6.72亿元，创新技术形成成果213项，其中发明专利申请98项，实用专利申请80项，形成新产品/新工艺/新装置/新技术/新方法等15项、标准/软件/专著/技术报告20项；创新技术成果转化数量67项；新增上市企业1家，培育龙头企业9个，培育中小型企业23个；市级产业示范基地或园区3个，建设企业研发中心、工程中心或中试基地39个，其中市级及以上认定的企业研发中心23个，市级及以上认定的工程中心或中试基地建设16个。

附　录

附录一　国家海洋创新指数指标体系

1. 国家海洋创新指数内涵

国家海洋创新指数是衡量一国海洋创新能力，切实反映一国海洋创新质量和效率的综合性指数。

国家海洋创新指数评估工作借鉴了国内外关于国家竞争力和创新评估等理论与方法，基于创新型海洋强国的内涵分析，确定指标选择原则，从海洋创新资源、海洋知识创造、海洋企业创新、海洋创新绩效和海洋创新环境5个方面构建了国家海洋创新指数的指标体系，力求全面、客观、准确地反映我国海洋创新能力在创新链不同层面的特点，形成一套比较完整的指标体系和评估方法。通过指数测度，为综合评估创新型海洋强国建设进程，完善海洋科技创新政策提供技术支撑和咨询服务。

2. 创新型海洋强国内涵

建设海洋强国，亟须推动海洋科技向创新引领型转变。国际历史经验表明，海洋科技发展是实现海洋强国的根本保障，应建立国家海洋创新评估指标体系，从战略高度审视我国海洋发展动态，强化海洋基础研究和人才团队建设，大力发展海洋科学技术，为经济社会各方面提供决策支持。

国家海洋创新指数评估将有利于国家和地方政府及时掌握海洋科技发展战略实施进展及可能出现的问题，为进一步采取对策提供基本信息；有利于国际、国内公众了解我国海洋事业取得的进展、成就、趋势及存在的问题；有利于企业和投资者研判我国海洋领域的机遇与风险；有利于为从事海洋领域研究的学者和机构提供有关信息。

纵观我国海洋经济的发展历程，大体经历了“三个阶段”：一是资源依赖阶段；二是产业规模粗放扩张阶段；三是由量向质转变阶段。海洋科技的飞速发展，推动新型海洋产业规模不断发展扩大，成为海洋经济新的增长点。我国海域辽阔、海洋资源丰富，但是多年的粗放式发展使得资源环境问题日益突出，制约了海洋经

济的进一步发展。因此，只有不断地进行海洋创新，才能促进海洋经济的健康发展，步入“创新型海洋强国”行列。

“创新型海洋强国”的最主要特征是国家海洋经济社会发展方式与传统的发展模式相比发生了根本的变化。创新型海洋强国的判别应主要依据海洋经济增长是主要依靠要素（传统的海洋资源消耗和资本）投入来驱动，还是主要依靠以知识创造、传播和应用为标志的创新活动来驱动。

创新型海洋强国应具备4个方面的能力：

①较高的海洋创新资源综合投入能力；

②较高的海洋知识创造与扩散应用能力；

③较高的海洋知识创造影响表现能力；

④良好的海洋创新环境。

3. 指标选择原则

（1）评估思路体现海洋可持续发展思想

不仅要考虑海洋创新整体发展环境，还要考虑经济发展、知识成果的可持续性指标，兼顾指数的时间趋势。

（2）数据来源具有权威性

基本数据必须来源于公认的国家官方统计和调查。通过正规渠道定期搜集，确保基本数据的准确性、权威性、持续性和及时性。

（3）指标具有科学性、现实性和可扩展性

海洋创新指数与各项分指数之间逻辑关系严密，分指数的每一指标都能体现科学性和客观现实性思想，尽可能减少人为合成指标，各指标均有独特的宏观表征意义，定义相对宽泛，并非对应唯一狭义数据，便于指标体系的扩展和调整。

（4）评估体系兼顾我国海洋区域特点

选取指标以相对指标为主，兼顾不同区域在海洋创新资源产出效率、创新活动规模和创新领域广度上的不同特点。

（5）纵向分析与横向比较相结合

既有纵向的历史发展轨迹回顾分析，也有横向的各沿海区域比较、各经济区比较、各经济圈比较和国际比较。

4. 指标体系构建

创新是从创新概念提出到研发、知识产出再到商业化应用转化为经济效益的完整过程。海洋创新能力体现在海洋科技知识的产生、流动和转化为经济效益的整个过程中。应该从海洋创新环境、创新资源的投入、知识创造与应用、绩效影响等整个创新链的主要环节来构建指标，评估国家海洋创新能力。

本报告采用综合指数评估方法，从创新过程选择分指数，最终确定了海洋创新资源、海洋知识创造、海洋企业创新、海洋创新绩效和海洋创新环境5个分指数；遵循指标的选取原则，选择25个指标（见附表1-1）形成国家海洋创新指数评估指标体系，指标均为正向指标；再利用国家海洋创新综合指数及其指标体系对我国海洋创新能力进行综合分析、比较与判断。

海洋创新资源：反映一个国家海洋创新活动的投入力度，创新型人才资源供给能力以及创新所依赖的基础设施投入水平。创新投入是国家海洋创新活动的必要条件，包括科技资金投入和人才资源投入等。

海洋知识创造：反映一个国家的海洋科研产出能力和知识传播能力。海洋知识创造的形式多种多样，产生的效益也是多方面的，本报告主要从海洋发明专利和科技论文等角度考虑海洋创新的知识积累效益。

海洋企业创新：反映一个国家海洋企业的创新能力。海洋企业创新分指数从海洋企业创新的效率和效果两个方面选取指标。

海洋创新绩效：反映一个国家开展海洋创新活动所产生的效果和影响。海洋创新绩效分指数从国家海洋创新的效率和效果两个方面选取指标。

海洋创新环境：反映一个国家海洋创新活动所依赖的外部环境，主要包括相关海洋制度创新和环境创新。其中，制度创新的主体是政府等相关部门，主要体现在政府对创新的政策支持、对创新的资金支持和知识产权管理等方面；环境创新主要指创新的配置能力、创新基础设施、创新基础经济水平、创新金融及文化环境等。

附表1-1　国家海洋创新指数指标体系

综合指数	分指数	指 标	
国家海洋创新指数 A	海洋创新资源 B_1	1. 研究与发展经费投入强度	C_1
		2. 研究与发展人力投入强度	C_2
		3. 科技活动人员中高级职称所占比重	C_3
		4. 科技活动人员占海洋科研机构从业人员的比重	C_4
		5. 万名科研人员承担的课题数	C_5
	海洋知识创造 B_2	6. 亿美元经济产出的发明专利申请数	C_6
		7. 万名R&D人员的发明专利授权数	C_7
		8. 本年出版科技著作	C_8
		9. 万名科研人员发表的科技论文数	C_9
		10. 国外发表的论文数占总论文数的比重	C_{10}
	海洋企业创新 B_3	11. 企业发明专利授权数占总发明专利授权数比重	C_{11}
		12. 企业R&D经费与主要海洋产业增加值的比例	C_{12}
		13. 万名企业R&D人员的发明专利授权数	C_{13}
		14. 海洋综合技术自主率	C_{14}
		15. 企业R&D人员占R&D人员总量比重	C_{15}
	海洋创新绩效 B_4	16. 海洋科技成果转化率	C_{16}
		17. 海洋科技进步贡献率	C_{17}
		18. 海洋劳动生产率	C_{18}
		19. 科研教育管理服务业占海洋生产总值比重	C_{19}
		20. 单位能耗的海洋经济产出	C_{20}
		21. 海洋生产总值占国内生产总值的比重	C_{21}
	海洋创新环境 B_5	22. 沿海地区人均海洋生产总值	C_{22}
		23. R&D经费中设备购置费所占比重	C_{23}
		24. 海洋科研机构科技经费筹集额中政府资金所占比重	C_{24}
		25. 海洋专业大专及以上应届毕业生人数	C_{25}

附录二　国家海洋创新指数指标解释

C_1. 研究与发展经费投入强度

海洋科研机构的R&D经费占国内海洋生产总值比重，也就是国家海洋研发经费投入强度指标，反映国家海洋创新资金投入强度。

C_2. 研究与发展人力投入强度

每万名涉海就业人员中R&D人员数，反映一个国家创新人力资源投入强度。

C_3. 科技活动人员中高级职称所占比重

海洋科研机构内从业人员中高级职称人员所占比重，反映一个国家海洋科技活动的顶尖人才力量。

C_4. 科技活动人员占海洋科研机构从业人员的比重

海洋科研机构内从业人员中科技活动人员所占比重，反映一个国家海洋创新活动科研力量的强度。

C_5. 万名科研人员承担的课题数

平均每万名科研人员承担的国内课题数，反映海洋科研人员从事创新活动的强度。

C_6. 亿美元经济产出的发明专利申请数

一国海洋发明专利申请数量除以海洋生产总值（以汇率折算的亿美元为单位）。该指标反映了相对于经济产出的技术产出量和一个国家的海洋创新活动的活跃程度。三种专利（发明专利、实用新型专利和外观设计专利）中发明专利技术含量和价值最高，发明专利申请数可以反映一个国家的海洋创新活动的活跃程度和自主创新能力。

C_7. 万名 R&D 人员的发明专利授权数

平均每万名R&D人员的国内发明专利授权数，反映一个国家自主创新能力和技

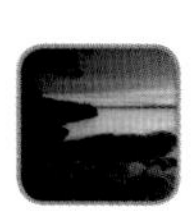

术创新能力。

C_8. 本年出版科技著作

指经过正式出版部门编印出版的科技专著、大专院校教科书、科普著作。只统计本单位科技人员为第一作者的著作。同一书名计为一种著作，与书的发行量无关，反映一个国家海洋科学研究的产出能力。

C_9. 万名科研人员发表的科技论文数

平均每万名科研人员发表的科技论文数，反映科学研究的产出效率。

C_{10}. 国外发表的论文数占总论文数的比重

一国发表的科技论文中，在国外发表的论文所占比重，可反映科技论文相关研究的国际化水平。

C_{11}. 企业发明专利授权数占总发明专利授权数比重

反映海洋企业专利发明对海洋领域专利发明的贡献程度。

C_{12}. 企业 R&D 经费与主要海洋产业增加值的比例

反映海洋企业创新资金投入强度。

C_{13}. 万名企业 R&D 人员的发明专利授权数

平均每万名企业R&D人员的发明专利授权量，反映一个国家海洋企业自主创新能力和技术创新能力。

C_{14}. 海洋综合技术自主率

即一国海洋科研机构经常费收入中来自企业的技术性收入占总技术性收入比重与国内专利授权数占本年专利授权数比重的平均值，反映一个国家海洋产业技术自给能力。

C_{15}. 企业 R&D 人员占 R&D 人员总量比重

即一国海洋科研机构全部R&D研究人员中企业研究人员所占的比例，反映一个国家海洋企业研发人力投入的能力和水平。

C_{16}. 海洋科技成果转化率

衡量海洋科技创新成果转化为商业开发产品的指数，是指为提高生产力水平而对科学研究与技术开发所产生的具有实用价值的海洋科技成果所进行的后续试验、开发、应用、推广直至形成新产品、新工艺、新材料，发展新产业等活动占海洋科技成果总量的比值。

C_{17}. 海洋科技进步贡献率

海洋科技进步贡献率的定义应以海洋科技进步增长率的定义为基础，是指在海洋经济各行业中，海洋科技进步增长率在整个海洋经济增长率中所占的比例。而海洋科技进步增长率则是指人类利用海洋资源和海洋空间进行各类社会生产、交换、分配和消费等活动时，剔除资金和劳动等生产要素以外其他要素的增长，具体是指由技术创新、技术扩散、技术转移与引进引起的装备技术水平的提高、技术工艺的改良、劳动者素质的提升以及管理决策能力的增强等。

C_{18}. 海洋劳动生产率

采用涉海就业人员的人均海洋生产总值，反映海洋创新活动对海洋经济产出的作用。

C_{19}. 科研教育管理服务业占海洋生产总值比重

反映海洋科研、教育、管理及服务等活动对海洋经济的贡献程度。

C_{20}. 单位能耗的海洋经济产出

采用万吨标准煤能源消耗的海洋生产总值，用来测度海洋创新带来的减少资源消耗的效果，也反映一个国家海洋经济增长的集约化水平。

C_{21}. 海洋生产总值占国内生产总值的比重

反映海洋经济对国民经济的贡献，用来测度海洋创新对海洋经济的推动作用。

C_{22}. 沿海地区人均海洋生产总值

按沿海地区人口平均的海洋生产总值，它在一定程度上反映了沿海地区人民生活水平的一个标准，可以衡量海洋生产力的增长情况和海洋创新活动所处的外部环境。

C_{23}. R&D 经费中设备购置费所占比重

海洋科研机构的R&D经费中设备购置费所占比重，反映海洋创新所需的硬件设备条件，一定程度上反映海洋创新的硬环境。

C_{24}. 海洋科研机构科技经费筹集额中政府资金所占比重

反映政府投资对海洋创新的促进作用及海洋创新所处的制度环境。

C_{25}. 海洋专业大专及以上应届毕业生人数

反映一个国家海洋科技人力资源培养与供给能力。

附录三　国家海洋创新指数评估方法

国家海洋创新指数的评估方法采用国际上流行的标杆分析法，即洛桑国际竞争力评价采用的方法。标杆分析法是目前国际上广泛应用的一种评估方法，其原理是：对被评估的对象给出一个基准值，并以此标准去衡量所有被评估的对象，从而发现彼此之间的差距，给出排序结果。

采用海洋创新评估指标体系中的指标，利用2001—2014年指标数据，分别计算以后各年的海洋创新指数与分指数得分，与基年比较即可看出国家海洋创新指数增长情况。

1. 原始数据标准化处理

设定2001年为基准年，基准值为100。对国家海洋创新指数指标体系中25个指标的原始值进行标准化处理。具体操作为：

$$C_j^t = \frac{100x_j^t}{x_j^1}$$

式中，$j=1\sim25$为指标序列号，$t=1\sim14$为2001—2014年编号；x_j^t表示各年各项指标的原始数据值（x_j^1表示2001年各项指标的原始数据值）；C_j^t表示各年各项指标标准化处理后的值。

2. 国家海洋创新分指数测算

采用等权重[①]（下同）测算各年国家海洋创新指数分指数得分。

当$i=1$时，$B_1^t = \sum_{j=1}^{5} \beta_1 C_j^t$，其中$\beta_1 = \frac{1}{5}$；

当$i=2$时，$B_2^t = \sum_{j=6}^{10} \beta_2 C_j^t$，其中$\beta_2 = \frac{1}{5}$；

① 采用《国家海洋创新指数报告2014》的权重选取方法，取等权重。

当$i=3$时，$B_3^t=\sum_{j=11}^{15}\beta_3 C_j^t$，其中$\beta_3=\frac{1}{5}$；

当$i=4$时，$B_4^t=\sum_{j=16}^{21}\beta_4 C_j^t$，其中$\beta_4=\frac{1}{6}$；

当$i=5$时，$B_5^t=\sum_{j=22}^{25}\beta_5 C_j^t$，其中$\beta_5=\frac{1}{4}$。

式中，$i=1\sim5$；$t=1\sim14$；B_1^t、B_2^t、B_3^t、B_4^t、B_5^t依次代表各年海洋创新资源分指数、海洋知识创造分指数、海洋企业创新分指数、海洋创新绩效分指数和海洋创新环境分指数的得分。

3. 国家海洋创新指数测算

采用等权重（同上）测算国家海洋创新指数得分。测算公式：

$$A^t=\sum_{i=1}^{5}\overline{\omega}B_i^t$$

式中，$i=1\sim5$；$t=1\sim14$；$\overline{\omega}$为权重（等权重为$\frac{1}{5}$），A^t为各年的国家海洋创新指数得分。

附录四　区域海洋创新指数评估方法

1. 区域海洋创新指数指标体系说明

区域海洋创新指数的指标体系与国家海洋创新指数指标体系基本一致，分为海洋创新资源分指数、海洋知识创造分指数、海洋创新绩效分指数和海洋创新环境分指数。其中，区域海洋创新绩效分指数相比于国家海洋创新绩效分指数，缺少“海洋科技进步贡献率”和“海洋科技成果转化率”两个指标。

2. 原始数据归一化处理

对2014年18个指标的原始值分别进行归一化处理。归一化处理是为了消除多指标综合评估中，计量单位的差异和指标数值的数量级、相对数形式的差别，解决数据指标的可比性问题，使各指标处于同一数量级，便于进行综合对比分析。

指标数据处理采用直线型归一化方法，即

$$c_j = \frac{y_j - \min y_j}{\max y_j - \min y_j}$$

式中，$j=1\sim18$为指标序列号；y_j表示各项指标的原始数据值；c_j表示各项指标归一化处理后的值。

3. 区域海洋创新分指数计算

区域海洋创新资源分指数得分：$b_1 = 100 \times \sum_{j=1}^{5} \varphi_1 c_j$，其中$\varphi_1 = \frac{1}{5}$；

区域海洋知识创造分指数得分：$b_2 = 100 \times \sum_{j=6}^{10} \varphi_2 c_j$，其中$\varphi_2 = \frac{1}{5}$；

区域海洋创新绩效分指数得分：$b_3 = 100 \times \sum_{j=1}^{14} \varphi_3 c_j$，其中$\varphi_3 = \frac{1}{4}$；

区域海洋创新环境分指数得分：$b_4 = 100 \times \sum_{j=15}^{18} \varphi_4 c_j$，其中$\varphi_4 = \frac{1}{4}$；

式中，$j=1\sim18$；b_1、b_2、b_3、b_4依次代表区域海洋创新资源分指数、海洋知识创造

分指数、海洋创新绩效分指数和海洋创新环境分指数的得分。

4. 区域海洋创新指数计算

采用等权重（同国家海洋创新指数）测算区域海洋创新指数得分。其测算公式为：

$$a = \frac{1}{4}(b_1 + b_2 + b_3 + b_4)$$

式中，a为区域海洋创新指数得分。

附录五　海洋科技进步贡献率辨析

作为衡量海洋科技进步对海洋经济增长贡献的重要指标，海洋科技进步贡献率一直被广泛关注，国内学者关于这一指标的研究日益增多。然而，由于对其理解不统一，认识不到位，应用时往往也会有失偏颇，影响了社会公众对海洋科技创新水平的客观认识与全面理解。针对此问题，本研究对其由来、内涵等方面进行阐述和辨析如下。

1. 海洋科技进步贡献率的由来及其重要意义

海洋科技进步贡献率来源于科技进步贡献率，而科技进步贡献率的原理和测算方法则源于生产函数和索洛在生产函数基础之上改进的索洛增长方程（又称索洛余值法）。国内大范围测算科技进步贡献率始于1992年，国家计委发布《关于展开经济增长中科技进步作用测算工作的通知》（计科技〔1992〕2525号文），掀起了专家学者对各领域科技进步贡献率研究的热潮。在此之后，科技进步贡献率作为创新领域的重要指标越来越多地出现在《国家中长期科技发展规划》、《国家“十一五”科学技术发展规划》、《国家“十二五”科学技术发展规划》等国家级规划中，前不久发布的《国民经济和社会发展第十三个五年规划纲要》也新增了“科技进步贡献率”指标。

对于海洋来说，科技进步贡献率也有着重要意义。进入21世纪，我国海洋战略地位逐渐提升。与此同时，海洋科技成为推动海洋经济发展的核心要素和重要支撑力量。定量评价海洋科技进步对海洋经济增长的作用，对海洋科技发展战略和相关海洋科技政策的制定有着重要的支撑作用和指示意义。目前，海洋科技进步贡献率已相继在《全国科技兴海规划纲要2008—2015年》、《全国海洋经济发展“十二五”规划》、《国家海洋事业发展“十二五”规划》、《国家海洋事业发展规划纲要》中得到应用，正在编制的海洋强国战略和科技创新总体规划也使用了该指标。

2. 海洋科技进步贡献率内涵辨析

什么是海洋科技进步贡献率？海洋科技进步贡献率与全要素生产率有何关系？海洋科技进步贡献率能否一直保持增长？海洋进步贡献率是否适合做区域评价？针对这几个常见问题，下面分别进行解读。

（1）什么是海洋科技进步贡献率

科技进步贡献率的理论内涵到底是什么？首先要弄清楚科技进步对经济增长的贡献作用。科技进步对经济增长的贡献过程，理论上是一种内含的扩大再生产，其原理可以理解为：使一定数量的生产要素的组合，生产出更多产品（使用价值）的所有因素共同发生作用的过程。具体可概括为提高装备技术水平、改良工艺、提高劳动者素质、提高管理决策水平等几方面。即在影响经济增长的诸因素中，剔除资金和劳动要素对经济增长的贡献后的部分都称为综合要素贡献。宏观经济学认为，除劳动和资本要素投入外，唯有技术水平提高能在中长期促进经济增长。因此，中长期的综合要素贡献可以被称为科技进步贡献。

具体到海洋上来讲，海洋科技进步贡献率的定义应以海洋科技进步增长率的定义为基础。所谓海洋科技进步增长率，是指人类利用海洋资源和海洋空间进行各类生产、服务活动时，在海洋中或以海洋资源为对象进行社会生产、交换、分配和消费等活动时，剔除资金和劳动等生产要素增长对海洋经济增长率的贡献以外的部分。而该海洋科技进步增长率在海洋经济增长率中所占的份额（百分比），就是海洋科技进步贡献率。其在经济学上的涵义是指海洋经济各行业中的，一定数量的生产要素的组合生产出更多产品（使用价值）的所有因素共同发生作用的过程。也可理解为在海洋经济增长中，除资本和劳动等固定要素外，其他要素增长所占的份额。

（2）海洋科技进步贡献率与全要素生产率有何关系

全要素生产率（Total Factor Productivity，简称TFP）是一个国际通用指标，其来源于技术进步、组织创新、专业化和生产创新等。通常把产出增长率超出要素投入增长率的部分称为TFP增长率。海洋科技进步贡献率中的科技进步部分，其内涵与TFP中扣除资本投入和劳动力投入之后的所有要素相同。海洋科技进步贡献率也可以表述为海洋TFP与海洋经济增长率的比值。

全国政协委员、财政部副部长朱光耀2015年3月7日在政协讨论提出，《国民经济和社会发展第十三个五年规划纲要（草案）》中新增的科技进步贡献率这一指标非常重要。他认为该指标的设置有利于提升中国的全要素生产率。这段话间接反映了科技进步贡献率和全要素生产率之间的相关关系。其实，科技进步贡献率的经济学内涵就是全要素的贡献率，但是从长时间尺度来说，经济学认为只有科技进步能持续推动经济增长。换句话说，科技进步贡献率的测算基于的是长时间尺度的全要素生产率。在实际应用时，为尽量减小测算误差，笔者建议国家海洋科技进步贡献率的测算时长应在10年以上，最少也需5年。

（3）海洋科技进步贡献率能否一直保持增长

海洋科技进步贡献率是一个相对指标，其数值不会持续增长，有以下两方面的原因。

一方面，海洋科技对经济增长的贡献具有滞后性、周期性，因而该指标值并不总是上升的，而是存在波动性，经济周期、自然灾害、政策变化等都会影响到该数值。美、欧发达国家的TFP数值一般也在不断波动。

另一方面，在海洋科技水平发展到一定高度后，很难保持海洋科技进步贡献率指标值继续大幅提升。从整个历史进程来看，海洋科技进步对海洋经济增长的影响应是持续的、累积的。也就是说，某个时间点的海洋科技进步将持续影响该时间点后的一切活动，任何一段时间内的海洋经济增长既有此段时间内海洋科技进步对其的贡献，也受到此段时间以前所有海洋科技进步的影响。

（4）海洋进步贡献率是否适合做区域评价

用海洋科技进步贡献率进行国内的市县级区域间横向比较的意义不大。

从定义上看，科技进步贡献率是在经济增长中，除去资本和劳动因素外，由科技进步等其他因素带来的经济增长所占份额，这是在增量而非总量中考察技术进步所发挥的作用。因此，对这一指标进行横向比较的意义不大，更适合一个国家或地区的纵向比较。例如，我国东部沿海地区社会经济和科技发展水平均相对发达，如果以现阶段为基期进行测算，往往会导致科技进步贡献率数值反而相对内陆落后地

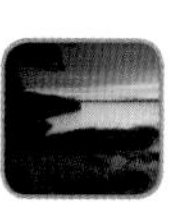

区小。

从理论角度来讲，由于国内经济活动时不存在国家之间的技术壁垒，一般认为一国以内科技水平较为接近，因此不建议市县之间进行科技进步贡献率的横向比较。

在经济发展的不同阶段，科技进步对经济增长的贡献是不同的，不建议对不同阶段的不同区域进行横向比较。如果必须比较，建议辅以经济发展水平、社会发展程度等指标。

结 语

随着各类海洋规划对量化指标要求的不断提高，海洋科技进步贡献率的受重视程度必然逐步加大。应脚踏实地，加强数据获取、方法选择和测算过程等方面的研究，尽量减小误差，以切实发挥海洋科技进步贡献率的实践应用与指导价值。

附录六　海洋科技进步贡献率测算方法

目前，进行科技进步贡献率测算广泛而常用的方法是索洛余值法，这也是国家发改委（原计委）、国家统计局及科技部等系统普遍使用的方法。

索洛余值法以柯布—道格拉斯生产函数作为基础模型，该方法表明了经济增长除了取决于资本增长率、劳动增长率以及资本和劳动对收入增长的相对作用的权数以外，还取决于技术进步，区分了由要素数量增加而产生的“增长效应”和因要素技术水平提高而带来经济增长的“水平效应”，系统地解释了经济增长的原因。

海洋经济涉及多个行业和部门，为了综合反映海洋类各行业的科技进步对海洋经济整体增长的贡献，需要对海洋类各行业进行全面测算，再按照各行业经济总产值在海洋经济整体中所占的比重，将各行业的科技进步在增长速度测算阶段进行汇总加权，得出海洋科技进步增长率，并进一步测算得出海洋科技进步贡献率。

根据海洋科技进步贡献率的理论内涵和特点，海洋科技进步贡献率可涉及的海洋产业范围有：直接从海洋中获取产品的生产和服务；直接对从海洋中获取的产品所进行的一次性加工生产和服务；直接应用于海洋的产品生产和服务；利用海水或海洋空间作为生产过程的基本要素所进行的生产和服务。其中，海洋科学研究、教育、技术等其他服务和管理范畴不适宜纳入海洋科技进步贡献率测算。

结合我国海洋科技的特点，通过对8个海洋产业的产出增长速度、资本增长速度和劳动增长速度进行行业加权，构建海洋科技进步贡献率测算的基本公式，公式推导过程如下。

令第i个产业（$i=1，2，3，\cdots，8$）分别代表海洋养殖、海洋捕捞、海洋盐业、海洋船舶工业、海洋石油、海洋天然气、海洋交通运输、滨海旅游8个行业：

$y_i(t)$表示第i产业t期的产出增长率，其中$t\in[t_1,t_2]$；

$k_i(t)$与$l_i(t)$分别表示t期的资本与劳动投入增长率，其中$t\in[t_1,t_2]$；

γ_i表示第i产业在总海洋产业中的权重。

k_i，l_i，y_i分别表示$k_i(t)$，$l_i(t)$，$y_i(t)$研究区间t_1至t_2内的平均值，即：

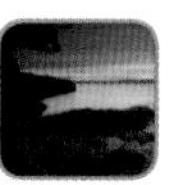

$$k_i=\frac{\sum_{t=t_1}^{t_2}k_i(t)}{n}，\quad l_i=\frac{\sum_{t=t_1}^{t_2}l_i(t)}{n}，\quad y_i=\frac{\sum_{t=t_1}^{t_2}y_i(t)}{n}$$

其中，$n=t_2-t_1$。

k，l，y分别表示k_i，l_i，y_i的加权平均值，即

$$k=\sum_{i=1}^{8}k_i\gamma_i，\quad l=\sum_{i=1}^{8}l_i\gamma_i，\quad y=\sum_{i=1}^{8}y_i\gamma_i$$

由此可得出公式：

$$A=1-\frac{\alpha k}{y}-\frac{\beta l}{y}=1-\frac{\alpha\sum_{i=1}^{8}k_i\gamma_i}{\sum_{i=1}^{8}y_i\gamma_i}-\frac{\beta\sum_{i=1}^{8}l_i\gamma_i}{\sum_{i=1}^{8}y_i\gamma_i}$$

$$=1-\frac{\alpha\sum_{i=1}^{8}\frac{\sum_{i=t1}^{t_2}k_i(t)}{n}}{\sum_{i=1}^{8}\frac{\sum_{i=t_1}^{t_2}y_i(t)}{n}\gamma_i}-\frac{\beta\sum_{i=1}^{8}\frac{\sum_{i=t1}^{t_2}l_i(t)}{n}}{\sum_{i=1}^{8}\frac{\sum_{i=t_1}^{t_2}y_i(t)}{n}\gamma_i}$$

其中，A为研究期内的海洋科技进步贡献率；α与β分别表示海洋产业资本和劳动的弹性系数。

在指标时长的选取方面，由于海洋科技对海洋经济的影响是长期的，海洋科技进步贡献率测算时间在10年以上为妥，最少5年。综合考虑海洋管理实际需要和海洋数据年限限制，本研究在“十一五”期间指标测算和“十二五”期间指标短期预测时使用5年数据平均值，其他测算和长期预测时使用9年数据平均值（根据2006—2014年时长而定）。

在海洋产业的选取上，根据《中国海洋统计年鉴2015》（目前最新数据），2014年我国主要海洋产业包括海洋渔业（16.31%）、海洋油气业（7.26%）、海洋矿业（0.22%）、海洋盐业（0.24%）、海洋船舶工业（5.21%）、海洋化工业（4.00%）、海洋生物医药业（0.99%）、海洋工程建筑业（7.41%）、海洋电力业

（0.38%）、海水利用业（0.05%）、海洋交通运输业（22.53%）和滨海旅游业（34.62%）12大产业（见附表6-1）。经初步筛选和可行性分析，确定数据可支持的8个可测算行业包括：海水养殖业、海洋捕捞业、海洋盐业、海洋船舶工业、海洋石油业、海洋天然气产业、海洋交通运输业、滨海旅游业。以上8个海洋行业的产值总和约占主要海洋产业总值的86.95%，基本能够有效地反映我国海洋经济发展状况。

附表6-1　2014年我国主要海洋产业增加值

主要海洋产业	增加值（亿元）	占比（%）
合　计	25 303.4	—
海洋渔业	4 126.6	16.31
海洋油气业	1 530.4	6.05
海洋矿业	59.6	0.24
海洋盐业	68.3	0.27
海洋船舶工业	1 395.5	5.52
海洋化工业	920	3.64
海洋生物医药业	258.1	1.02
海洋工程建筑业	1735	6.86
海洋电力业	107.7	0.43
海水利用业	12.7	0.05
海洋交通运输业	5 336.9	21.09
滨海旅游业	9 752.8	38.54

在弹性系数的确定方面，计算海洋科技进步贡献率时，可采用经验估计法、比值法和回归法确定资本和劳动产出弹性系数。经验估计法是指借鉴其他权威专家所测算出的系数；比值法的原理是利用与资本投入量和劳动投入量有关的数据计算两者的比值；回归法是指采用有约束（即$\alpha+\beta=1$）或无约束的生产函数模型，代入相应数值后，根据计量方法（即利用最小二乘法进行回归）估算出两个弹性系数。本

次测算采用的是：$\alpha = 0.3$，$\beta = 0.7$。

在权重的确定方面，根据《中国海洋统计年鉴》中我国“十一五”期间8个海洋行业的产值情况，确定各行业权重值（见附表6-2）。

附表6-2　各行业权重值

行业	权重	行业	权重
海水养殖业	0.105 4	海洋石油业	0.070 5
海洋捕捞业	0.095 6	海洋天然气产业	0.004 5
海洋盐业	0.004 6	海洋交通运输业	0.306 9
海洋船舶工业	0.070 4	滨海旅游业	0.342 1

在数据来源方面，本研究使用的代表海洋产业产值、资本和劳动的指标数据均来源于相应年份的《中国海洋统计年鉴》（见附表6-3）。从数据基础来看，目前可用于测算的连续数据为1996—2014年海洋产业产值、资本和劳动数据（对个别缺失数据进行趋势拟合插值）。

附表6-3　八大产业的产出、资本和劳动指标

八大产业	产出指标	资本指标	劳动指标
海水养殖业	海水养殖产量	海水养殖面积	海洋渔业及相关产业就业人员数
海洋捕捞业	海洋捕捞产量	主要海上活动船舶总吨	海洋渔业及相关产业就业人员数
海洋盐业	沿海地区海盐产量	盐业生产面积	海洋盐业就业人员数
海洋船舶工业	海洋船舶工业增加值	沿海地区造船完工量	海洋船舶工业就业人员数
海洋石油业	沿海地区海洋原油产量	海洋采油井	海洋石油和天然气业就业人员数
海洋天然气产业	沿海地区海洋天然气产量	海洋采气井	海洋石油和天然气业就业人员数
海洋交通运输业	海洋交通运输业增加值	沿海规模以上港口生产用码头泊位个数	海洋交通运输业就业人员数
滨海旅游业	滨海旅游业增加值	沿海地区旅行社总数	滨海旅游业就业人员数

将各行业的基准数据代入海洋科技进步贡献率公式，经调整和验证，得出我国“十一五”期间海洋科技进步贡献率的平均值为54.4%，2006—2014年期间海洋科技进步贡献率的平均值为63.7%（见附表6-4）。

附表6-4　海洋科技进步贡献率测算值

年份	产出增长率（%）	资本增长率（%）	劳动增长率（%）	海洋科技进步贡献率(*A*)（%）
2006—2010	12.86	10.10	4.05	54.4
2006—2014	11.32	6.90	2.92	63.7

从附表6-4可以看出，“十一五”期间我国海洋科技进步贡献率为54.4%，2006—2014年期间我国海洋科技进步贡献率为63.7%，有了较大幅度的增长，这与近年来我国对海洋科技的高度重视密不可分。《国家“十二五”海洋科学和技术发展规划纲要》中指出，要提升海洋科技创新能力和科技支撑能力，促进我国海洋经济快速、持续、健康发展，切实转变海洋经济增长方式，使科技成为支撑和引领海洋事业创新发展的重要力量。

附录七　海洋科技成果转化率测算方法

海洋科技成果转化率的定义源于科技成果转化率。在科技成果转化率的研究方面，国外学者很少直接使用“科技成果转化”，而是用“科技经济一体化”、“技术创新”、“技术转化”、“技术推广”、“技术扩散”或“技术转移”来代替，且国外并没有针对全社会领域进行科技成果转化情况的统计或评价。

从国内来看，各领域学者对于科技成果转化率的定义不尽相同，主要可归纳为以下三种观点。

观点一：科技成果转化率是指已转化的科技成果占应用技术科技成果的比率。学者们认为“已转化的科技成果”并非指所有一切得到“转化”的科技成果。将应用技术成果用于生产并考察市场对该技术成果的可接受程度和直接利益或间接利益，若该应用技术成果可成功转化为商品并取得规模效益，则说明该项应用技术成果实现了转化。

观点二：科技成果转化率即已转化的科技成果占全部科技成果的比率。学者们认为，大多数的基础理论成果和部分软科学成果虽然无法直接应用于实际生产且成果转化的量化程度偏低，但其依然能够在一定程度上推动科技的进步与产业结构的调整和优化，因此建议将基础理论成果和软科学成果的转化情况纳入科技成果转化。

观点三：从管理角度来说，科技成果转化率应表示科技成果占全部研究课题的比率。

对于观点二来说，由于海洋领域的基础研究成果和软科学研究成果几乎都不能直接应用于生产实际，难以实现海洋科技成果的转化，因此不应采纳这一观点。对于观点三来说，定义中涉及的“科技成果”和“研究课题”来源于两套不同的海洋统计数据，其中“科技成果”来源于海洋科技统计数据，“研究课题”来源于海洋科技成果统计数据，因此这一观点不能正确地反映实际海洋科技成果转化情况。

因此，本报告建议采用观点一，对海洋科技成果转化率进行定义如下：海洋科技成果转化率是指一定时期内涉海单位进行自我转化或转化生产，处于投入应用或生产状态，并达到成熟应用的海洋科技成果占全部海洋科技应用技术成果的百分率。

根据海洋科技成果转化率的定义，可构建海洋科技成果转化率的公式为：

$$海洋科技成果转化率=\frac{成熟应用的海洋科技成果}{全部海洋科技应用技术成果}\times 100\%$$

由于海洋科技成果的转化是一个长期的过程，在测算海洋科技成果转化率时，覆盖周期越长，指标越符合实际。

需要注意的是，本报告所探讨的海洋科技成果转化率是狭义上的指标，公式中“成熟应用的海洋科技成果”和“全部海洋科技应用技术成果”均来自于海洋科技成果登记数据。从广义上来说，海洋科研课题、专利、论文、奖励、标准、软件、著作权都属于海洋科技成果，难以统计且相互之间存在交叉重叠；从海洋科技成果形成，到初步应用，再到形成产品，直至达到规模化、产业化阶段，都可以算作海洋科技成果转化过程，难以辨别衡量。

基于海洋科技成果统计数据，运用海洋科技成果转化率标准公式进行计算，可得出2000—2014年我国海洋科技成果转化率约为49.8%。

注：根据科技成果登记表，可将应用技术成果分为三个阶段。初期阶段：指实验室、小试等初期阶段的研究成果。中期阶段：指新产品、新工艺、新生产过程直接用于生产前，为从技术上进一步改进产品、工艺或生产过程而进行的中间试验（中试）；为进行产品定型设计，获取生产所需技术参数而制备的样机、试样；为广泛推广而做的示范；为达到成熟应用阶段、广泛推广而进行的阶段性研究成果。成熟应用阶段：指工业化生产、正式（或可正式）投入应用的成果，包括农业技术大面积推广，医疗卫生的临床应用，公安、军工的正样、定型等成果。

附录八 海洋科技梯度的内涵定义与模型方法

1. 内涵定义探索

广义上讲，梯度描述了事物在空间内不均匀的分布状况，指事物在一定方向上呈有规律的递增或递减的现象。广义梯度理论将传统梯度理论在经济学领域加以拓展，其中一个层面是指社会、经济、科技等发展水平的梯度分布。目前国内外对于梯度理论的研究主要集中于经济、产业和技术三个方面，关于科技梯度的研究相对较少。Caniels（1996）基于实证研究，分析了影响欧盟八国的科技空间分布差异的因素；Chung（2002）将韩国各类科研机构数量作为衡量区域创新能力的指标，将区域创新体系分为发达、发展中和欠发达三个梯度；Nicole等（2005）通过科技产出指标评价了德国七个地区的科技吸引力、科技强度和科技密度情况；刘玲利（2008）将广义梯度理论用于评价比较国家、地区和省域层面的科技资源配置效率；仵凤清等（2013）首次提出“科技梯度”的概念，用于描述国家和地区科技发展水平的不均衡状况，并利用比较科技创新效率、比较科技资金投入率、比较科技人员投入率构建了“科技梯度系数测度模型”；秦杨（2014）对仵凤清等构建的梯度模型加以改进，将比较综合科技进步水平指数变量加入测算模型，更加全面地反映区域科技发展水平。综上，“科技梯度”这一指标对于摸清现有海洋科技资源配置和海洋科技力量布局具有一定的科学性和可行性。

本研究尝试对“海洋科技梯度”进行内涵定义的初步界定，即“海洋科技梯度”是国家或地区之间在海洋科技实力上呈现的不均衡发展状况的表征，能够反映区域间海洋科技资源配置状况和海洋科技力量的分布状况。

2. 测算模型构建

从理论角度来说，投入、产出和效率是科研竞争力的基本要素，科技梯度受科技投入和科技创新效率的共同影响，在资金、人员投入一定的情况下，效率越高，产出越高。因此用海洋科技投入、海洋科技产出和海洋科技效率定量测算不同地区海洋科技梯度。

本研究基于“科技梯度系数测度模型”，并将其在海洋领域进行应用改进，用海洋科技人员投入比率、海洋科技资金投入比率和海洋科技创新效率比率代替比较科技人员投入率、比较科技资金投入率、比较科技创新效率，构建“海洋科技梯度系数改进模型”如下：

海洋科技梯度系数=海洋科技人员投入比率×海洋科技资金投入比率×海洋科技创新效率比率

其中，$海洋科技人员投入比率=\frac{地区涉海科研机构从事科技活动人员数量}{全国涉海科研机构从事科技活动人员数量}$；

$$海洋科技资金投入比率=\frac{地区涉海科研机构科技活动支出}{全国涉海科研机构科技活动支出};$$

$$海洋科技创新效率比率=\frac{地区海洋科技创新效率}{全国海洋科技创新效率}。$$

以上公式中，海洋科技人员投入比率是指一个地区相对于全国来说海洋科技人员的投入水平，用地区涉海科研机构从事科技活动人员数量占全国涉海科研机构科技活动从业人员数量的比重来表示；海洋科技资金投入比率是指一个地区相对于全国海洋科技资金的投入水平，用地区涉海科研机构科技活动支出占全国涉海科研机构科技活动支出的比重来表示；海洋科技创新效率比率是指一个地区相对于全国而言海洋科技创新效率的水平，科技创新效率是科技投入产出的转化率，是反映科技实力的重要指标，即在一定的科技创新环境和创新资源配置条件下单位科技创新投入获得的产出，或者单位科技创新产出消耗的科技创新投入。用地区海洋科技创新效率与全国海洋科技创新效率的比值来表示海洋科技创新效率比率。

3. 测算方法确定

根据“海洋科技梯度系数改进模型”，需要分别计算海洋科技人员投入比率、海洋科技资金投入比率和海洋科技创新效率比率。其中，海洋科技人员投入比率和海洋科技资金投入比率的计算均采用简单的比值法，海洋科技创新效率的测算方法如下。

海洋科技创新效率采用数据包络分析（DEA）方法进行测算，数据包络分析是目前国内外学者评价创新效率的常用方法，是运用数学规划模型针对多个被评价单

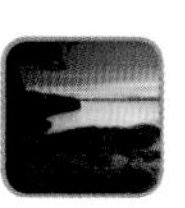

位的多指标投入与产出关系而进行相对有效性评价的一种系统分析方法。综合考虑指标的科学性和数据的可获得性，海洋科技投入选取海洋科研机构数量、从事科技活动人员数量和科技活动支出三项指标，其中用海洋科研机构从事科技活动人员数量和科技活动支出分别反映海洋科技人员投入和海洋科技资金投入；海洋科技产出选取科技论文发表数量、科技著作出版数量和科技专利授权数量三个指标加以衡量（见附表8-1）。基于投入产出指标，运用DEAP 2.1计算海洋科技创新效率。当测算结果的值等于1时，表示决策单元DEA有效；小于1时，表示DEA无效，值越接近1，投入产出比越高，效率越高。

附表8-1 海洋科技梯度指标体系

一级指标	二级指标	三级指标
海洋科技梯度	海洋科技投入水平	海洋科研机构数量
		从事科技活动人员数量
		科技活动支出
	海洋科技产出水平	科技论文发表数量
		科技著作出版数量
		科技专利授权数量

参考文献

刘玲利. 2008. 科技资源配置理论与配置效率研究[M]. 北京：企业管理出版社.

秦杨. 2014. 基于梯度理论的重庆市区域科技发展差异及对策分析[D]. 重庆：重庆大学.

仵凤清, 高利岩, 陈飞宇. 2013. 京津冀科技梯度测度研究[J]. 企业经济. 02:171-176.

Caniels M C J. 1996. Regional Differences in Technology: Theory and Empirics [C].working paper.

Chung S. 2002. Building a national innovation system through regional innovation systems [J]. Technovation. (22):485-491.

Nicole A M, Gregor B, Lucie B. 2005. Science and technology in the region: The output of regional science and technology, its strengths and its leading institutions [J].Scientometrics. 63(3):463-529.

附录九　区域分类依据及相关概念界定

1. 沿海省（市、区）

拥有海岸线的11个省（市、区），具体包括天津、河北、辽宁、上海、江苏、浙江、福建、山东、广东、广西和海南。

2. 海洋经济区

我国有五大海洋经济区，分别为：环渤海经济区、长江三角洲经济区、海峡西岸经济区、珠江三角洲经济区和环北部湾经济区。其中环渤海经济区中纳入评估的沿海省（市、区）为辽宁、河北、山东、天津；长江三角洲经济区中纳入评估的沿海省（市、区）为江苏、上海、浙江；海峡西岸经济区中纳入评估的沿海省（市、区）为福建；珠江三角洲经济区中纳入评估的沿海省（市、区）为广东；环北部湾经济区中纳入评估的沿海省（市、区）为广西和海南。

3. 海洋经济圈

海洋经济圈分区依据是《全国海洋经济发展“十二五”规划》，我国有三大海洋经济圈，分别为：北部海洋经济圈、东部海洋经济圈和南部海洋经济圈。北部海洋经济圈由辽东半岛、渤海湾和山东半岛沿岸及海域组成，本报告纳入评估的沿海省（市、区）包括天津、河北、辽宁和山东；东部海洋经济圈由江苏、上海、浙江沿岸及海域组成，纳入评估的沿海省（市、区）包括江苏、浙江和上海；南部海洋经济圈由福建、珠江口及其两翼、北部湾、海南岛沿岸及海域组成，即纳入评估的沿海省（市、区）包括福建、广东、广西和海南。

4. 涉海城市

本研究中涉海城市是指拥有海洋科研机构的城市。根据科技部科技统计数据统计，2001—2014年期间全国共有涉海城市59个，具体城市见附表9-1。

附表9-1 涉海城市列表

省（市、区）	涉海城市				
北京市	北京				
天津市	天津				
河北省	石家庄	秦皇岛			
辽宁省	沈阳	大连	抚顺	丹东	锦州
	营口	辽阳	盘锦	铁岭	葫芦岛
黑龙江省	哈尔滨				
上海市	上海				
江苏省	南京	南通	连云港	盐城	镇江
浙江省	杭州	宁波	温州	绍兴	舟山
	台州				
福建省	福州	厦门	莆田	泉州	宁德
山东省	济南	青岛	东营	烟台	潍坊
	威海	日照	滨州		
湖北省	武汉				
广东省	广州	珠海	深圳	汕头	佛山
	江门	湛江	茂名	惠州	东莞
	揭阳				
广西壮族自治区	南宁	北海	钦州		
海南省	海口	三亚			
陕西省	西安				
甘肃省	兰州				

5. 东部和中西部划分依据

中国“七五”计划（1986—1990年）提出，按经济技术发展水平和地理位置相结合的原则，将全国划分为三大经济地带，即：东部沿海地带（包括辽宁、北京、天津、上海、河北、山东、江苏、浙江、福建、广东、广西、海南、台湾13个省、自治区、直辖市），中部地带（包括黑龙江、吉林、山西、内蒙古、安徽、河南、湖北、湖南、江西9个省、自治区），西部地带（包括重庆、四川、云南、贵州、西藏、陕西、甘肃、青海、宁夏、新疆10个省、自治区、直辖市）。因中部地带和西部地带涉及涉海城市较少，报告中将二者合为中西部进行分析。根据省份统计，东部涉海城市有53个，中西部城市有6个（见附表9-1）。

6. 北部和南部划分依据

北部和南部的划分以秦岭淮河为界，秦岭淮河以北为北部（包括山东、河南、山西、陕西、甘肃、青海、新疆、河北、天津、北京、内蒙古、辽宁、吉林、黑龙江、宁夏15个省、自治区、直辖市），秦岭淮河以南为南部（包括江苏、安徽、湖北、重庆、四川、西藏、云南、贵州、湖南、江西、广西、广东、福建、浙江、上海、海南（台港澳）等19个省、自治区、直辖市），根据省份统计，北部涉海城市有25个，南部涉海城市有34个（见附表9-1）。

附录十　主要涉海高等学校清单（含涉海比例系数）

1. 教育部直属高等学校

北京大学（根据北京大学的涉海专业数占专业总数的比例确定涉海比例系数：0.0932，下同）、清华大学（0.0256）、北京师范大学（0.1373）、中国地质大学（北京）（0.2381）、天津大学（0.0877）、大连理工大学（0.0886）、上海交通大学（0.0484）、南京大学（0.1163）、河海大学（0.9020）、浙江大学（0.1102）、厦门大学（0.0707）、中国海洋大学（0.8462）、武汉大学（0.0645）、中国地质大学（武汉）（0.2258）、中山大学（0.1280）、同济大学（0.0859）、华东师范大学（0.0789）、华中科技大学（0.0566）、华南理工大学（0.0490）。

2. 工业和信息化部直属高等学校

哈尔滨工业大学（0.0462）。

3. 交通运输部直属高等学校

大连海事大学（0.9348）。

4. 地方高等学校

上海海洋大学（0.3191）、广东海洋大学（0.2200）、大连海洋大学（0.9545）、浙江海洋学院（0.8913）、宁波大学（0.1935）、集美大学（0.2388）、南京信息工程大学（0.2759）。

附录十一　涉海学科清单（教育部学科分类）

附表11-1　涉海学科清单（教育部学科分类）

代码	学科名称	说明
140	**物理学**	
14020	声学	
1402050	水声和海洋声学	原名为“水声学”
1403064	海洋光学	
170	**地球科学**	
17050	地质学	
1705077	石油与天然气地质学	含天然气水合物地质学
17060	海洋科学	
1706010	海洋物理学	
1706015	海洋化学	
1706020	海洋地球物理学	
1706025	海洋气象学	
1706030	海洋地质学	
1706035	物理海洋学	
1706040	海洋生物学	
1706045	海洋地理学和河口海岸学	原名为“河口、海岸学”
1706050	海洋调查与监测	
	海洋工程	见41630
	海洋测绘学	见42050
1706061	遥感海洋学	亦名卫星海洋学
1706065	海洋生态学	
1706070	环境海洋学	
1706075	海洋资源学	
1706080	极地科学	
1706099	海洋科学其他学科	
240	**水产学**	

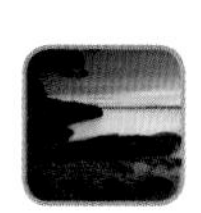

续表

代码	学科名称	说明
24010	水产学基础学科	
2401010	水产化学	
2401020	水产地理学	
2401030	水产生物学	
2401033	水产遗传育种学	
2401036	水产动物医学	
2401040	水域生态学	
2401099	水产学基础学科其他学科	
24015	水产增殖学	
24020	水产养殖学	
24025	水产饲料学	
24030	水产保护学	
24035	捕捞学	
24040	水产品贮藏与加工	
24045	水产工程学	
24050	水产资源学	
24055	水产经济学	
24099	水产学其他学科	
340	**军事医学与特种医学**	
34020	特种医学	
3402020	潜水医学	
3402030	航海医学	
413	**信息与系统科学相关工程与技术**	
41330	信息技术系统性应用	
4133030	海洋信息技术	
416	**自然科学相关工程与技术**	
41630	海洋工程与技术	代码原为57050，原名为“海洋工程”
4163010	海洋工程结构与施工	代码原为5705010
4163015	海底矿产开发	代码原为5705020
4163020	海水资源利用	代码原为5705030

续表

代码	学科名称	说明
4163025	海洋环境工程	代码原为5705040
4163030	海岸工程	
4163035	近海工程	
4163040	深海工程	
4163045	海洋资源开发利用技术	包括海洋矿产资源、海水资源、海洋生物、海洋能开发技术等
4163050	海洋观测预报技术	包括海洋水下技术、海洋观测技术、海洋遥感技术、海洋预报预测技术等
4163055	海洋环境保护技术	
4163099	海洋工程与技术其他学科	代码原为5705099
420	**测绘科学技术**	
42050	海洋测绘	
4205010	海洋大地测量	
4205015	海洋重力测量	
4205020	海洋磁力测量	
4205025	海洋跃层测量	
4205030	海洋声速测量	
4205035	海道测量	
4205040	海底地形测量	
4205045	海图制图	
4205050	海洋工程测量	
4205099	海洋测绘其他学科	
480	**能源科学技术**	
48060	一次能源	
4806020	石油、天然气能	
4806030	水能	包括海洋能等
4806040	风能	
4806085	天然气水合物能	
490	**核科学技术**	
49050	核动力工程技术	
4905010	舰船核动力	

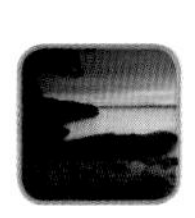

续表

代码	学科名称	说明
570	**水利工程**	
57010	水利工程基础学科	
5701020	河流与海岸动力学	
580	**交通运输工程**	
58040	水路运输	
5804010	航海技术与装备工程	原名为“航海学”
5804020	船舶通信与导航工程	原名为“导航建筑物与航标工程”
5804030	航道工程	
5804040	港口工程	
5804080	海事技术与装备工程	
58050	船舶、舰船工程	
610	**环境科学技术及资源科学技术**	
61020	环境学	
6102020	水体环境学	包括海洋环境学
620	**安全科学技术**	
62010	安全科学技术基础学科	
6201030	灾害学	包括灾害物理、灾害化学、灾害毒理等
780	**考古学**	
78060	专门考古	
7806070	水下考古	
790	**经济学**	
79049	资源经济学	
7904910	海洋资源经济学	
830	**军事学**	
83030	战役学	
8303020	海军战役学	
83035	战术学	
8303530	海军战术学	

说明：根据二级学科所包含的涉海学科（三级学科）数占其所包含的三级学科总数的比例确定二级学科涉海比例系数如下：声学（0.06）、光学（0.06）、地质学（0.04）、海洋科学（1）、水产学基础学科（1）、水产增殖学（1）、水产养殖学（1）、水产饲料学（1）、水产保护学（1）、捕捞学（1）、水产品贮藏与加工（1）、水产工程学（1）、水产资源学（1）、水产经济学（1）、水产学其他学科（1）、特种医学（0.33）、信息技术系统性应用（0.25）、海洋工程与技术（1）、海洋测绘（1）、一次能源（0.36）、核动力工程技术（0.20）、水利工程基础学科（0.25）、水路运输（0.56）、船舶、舰船工程（1）、环境学（0.17）、安全科学技术基础学科（0.17）、专门考古（0.11）、资源经济学（0.17）、战役学（0.17）、战术学（0.17）。

编制说明

为响应国家海洋创新战略，服务国家创新体系建设，受国家海洋局科学技术司委托，国家海洋局第一海洋研究所自2006年起着手开展海洋创新指标的测算工作，并于2013年正式启动国家海洋创新指数的研究工作。《国家海洋创新指数报告2015》是相关系列报告的第三期。现将有关情况说明如下。

1. 需求分析

创新驱动发展已经成为我国的国家发展战略，《中共中央关于全面深化改革若干重大问题的决定》明确提出要“建设国家创新体系”。海洋创新是建设创新型国家的关键领域，也是国家创新体系的重要组成部分。探索构建国家海洋创新指数，评估我国国家海洋创新能力，对海洋强国的建设意义重大。《国家海洋创新指数报告2015》编制的必要性主要表现在以下4个方面。

（1）全面摸清我国海洋创新家底的迫切需要

搜集海洋经济统计、科技统计和科技成果登记等海洋创新数据，全面摸清我国海洋创新家底，是客观分析我国国家海洋创新能力的基础。

（2）深入把握我国海洋创新发展趋势的客观需要

从海洋创新环境、海洋创新资源、海洋知识创造和海洋创新绩效4个方面，挖掘分析海洋创新数据，深入把握我国海洋创新发展趋势，是认清我国海洋创新路径与方式的必要前提。

（3）准确测算我国海洋创新重要指标的实际需要

对海洋科技进步贡献率、海洋科技成果转化率等海洋创新重要指标进行测算和预测，切实反映我国海洋创新的质量和效率，为我国海洋创新政策的制定提供系列重要指标支撑。

（4）全面了解国际海洋创新发展态势的现实需要

从海洋科学论文的发表机构、影响程度等方面分析国际海洋创新在科学研究层

面上的发展态势，从海洋专利的申请机构、技术布局和保护策略等方面分析国际海洋创新在技术研发层面上的发展态势，全面了解国际海洋创新发展态势，为我国海洋创新发展提供参考。

2. 编制依据

（1）十八大报告

党的十八大报告将“进入创新型国家行列”作为全面建成小康社会和全面深化改革开放的目标，提出要“实施创新驱动发展战略”，并指出“科技创新是提高社会生产力和综合国力的战略支撑”，要“促进创新资源高效配置和综合集成，把全社会智慧和力量凝聚到创新发展上来”。

（2）十八届五中全会报告

党的十八届五中全会报告指出：“必须把创新摆在国家发展全局的核心位置，不断推进理论创新、制度创新、科技创新、文化创新等各方面创新，让创新贯穿党和国家一切工作，让创新在全社会蔚然成风。”

（3）国家创新驱动发展战略纲要

中共中央、国务院2016年5月印发的《国家创新驱动发展战略纲要》指出：“党的十八大提出实施创新驱动发展战略，强调科技创新是提高社会生产力和综合国力的战略支撑，必须摆在国家发展全局的核心位置。这是中央在新的发展阶段确立的立足全局、面向全球、聚焦关键、带动整体的国家重大发展战略。”

（4）中华人民共和国国民经济和社会发展第十三个五年规划纲要

《中华人民共和国国民经济和社会发展第十三个五年规划纲要》提出创新驱动主要指标，强化科技创新引领作用，指出“把发展基点放在创新上，以科技创新为核心，以人才发展为支撑，推动科技创新与大众创业万众创新有机结合，塑造更多依靠创新驱动、更多发挥先发优势的引领型发展”。

（5）推动共建丝绸之路经济带和21世纪海上丝绸之路的愿景与行动

《推动共建丝绸之路经济带和21世纪海上丝绸之路的愿景与行动》提出“创

新开放型经济体制机制，加大科技创新力度，形成参与和引领国际合作竞争新优势，成为‘一带一路’特别是21世纪海上丝绸之路建设的排头兵和主力军”的发展思路。

（6）中共中央关于全面深化改革若干重大问题的决定

《中共中央关于全面深化改革若干重大问题的决定》明确提出，要“建设国家创新体系”。

（7）海洋科技创新总体规划

《海洋科技创新总体规划》战略研究首次工作会上提出，“要围绕‘总体’和‘创新’做好海洋战略研究”，“要认清创新路径和方式，评估好‘家底’”。

（8）国家“十二五”海洋科学和技术发展规划纲要

《国家“十二五”海洋科学和技术发展规划纲要》明确提出，“十二五”期间海洋科技发展的总体目标包括“海洋自主创新能力明显增强”，“沿海区域科技创新能力显著提升，海洋科技创新体系更加完善，海洋科技对海洋经济的贡献率达到60%以上，基本形成海洋科技创新驱动海洋经济和海洋事业可持续发展的能力”。

（9）全国海洋经济发展规划纲要

《全国海洋经济发展规划纲要》提出，要“逐步把我国建设成为海洋强国”。

（10）全国科技兴海规划纲要（2008—2015年）

《全国科技兴海规划纲要（2008—2015年）》明确指出，要“指导和推进海洋科技成果转化与产业化，加速发展海洋产业，支撑、带动沿海地区海洋经济又好又快发展”。

（11）“十二五”国家海洋事业发展规划纲要

《“十二五”国家海洋事业发展规划纲要》指出：“必须把海洋事业摆在十分重要的战略位置”，“加快发展海洋事业，努力建设海洋强国”。

（12）海洋强国建设科技支撑体系发展方案

《海洋强国建设科技支撑体系发展方案》指出，海洋强国建设科技支撑体系发

展的基本目标是，“按照海洋事业发展规划的总体要求，优化海洋科技发展和科技兴海的总体布局，依托具有创新优势的现有中央和地方科研力量和科技资源”，“建设服务国家海洋强国建设目标的海洋科技支撑体系，增强科学海洋事业的能力和海洋行业的核心竞争力”。

（13）国家中长期科学和技术发展规划纲要（2006—2020年）

《国家中长期科学和技术发展规划纲要（2006—2020年）》提出，要“把提高自主创新能力作为调整经济结构、转变增长方式、提高国家竞争力的中心环节，把建设创新型国家作为面向未来的重大战略选择”，并指出科技工作的指导方针是“自主创新，重点跨越，支撑发展，引领未来”，强调要“全面推进中国特色国家创新体系建设，大幅度提高国家自主创新能力”。

（14）“十二五”科学和技术发展规划

《“十二五”科学和技术发展规划》指出：“‘十二五’是我国全面建设小康社会的关键时期，是提高自主创新能力、建设创新型国家的攻坚阶段”，要“充分发挥科技进步和创新对加快转变经济发展方式的重要支撑作用”。

（15）“十三五”国家科技创新专项规划

《“十三五”国家科技创新专项规划》指出，创新是引领发展的第一动力。规划从6个方面对科技创新进行了重点部署，以深入实施创新驱动发展战略，支撑供给侧结构性改革。规划提出，到2020年，我国国家综合创新能力世界排名要从目前的第18位提升到第15位；科技进步贡献率要从目前的55.3%提高到60%；研发投入强度要从目前的2.1%提高到2.5%。

3. 数据来源

《国家海洋创新指数报告2015》所用数据来源于以下方面。

①《中国统计年鉴》；

②《中国海洋统计年鉴》；

③科技部科技统计数据；

④教育部涉海高校和涉海学科科技统计数据；

⑤中国科学院兰州文献情报中心海洋科学论文、海洋专利等数据；

⑥《中国科学引文数据库》(Chinese Science Citation Database，CSCD) 数据库；

⑦《科学引文索引扩展版》（Science Citation Index Expanded，SCIE）数据库；

⑧青岛海洋科学与技术国家实验室相关数据；

⑨我国海洋经济创新发展区域示范相关数据；

⑩海洋科技成果登记数据；

⑪《高等学校科技统计资料汇编》；

⑫其他公开出版物。

4. 编制过程

《国家海洋创新指数报告2015》受国家海洋局科学技术司委托，由国家海洋局第一海洋研究所海洋政策研究中心具体组织编写；中国科学院兰州文献情报中心参与编写了海洋论文、专利和国际海洋科技研究态势专题分析等部分，青岛海洋科学与技术国家实验室参与编写了海洋国家实验室专题分析部分，国家海洋局科学技术司提供了我国海洋经济创新发展区域示范专题相关内容；科技部创新发展司、教育部科学技术司、国家海洋信息中心和华中科技大学管理学院等单位、部门提供了数据支持。具体编制过程分为前期准备阶段、数据测算与报告编制阶段、报告评审与修改完善阶段三个阶段，具体介绍如下。

（1）前期准备阶段

形成基本思路。国家海洋创新指数评估系列报告第一期（《国家海洋创新指数试评估报告2013》）和第二期（《国家海洋创新指数试评估报告2014》）分别在2015年5月和2015年12月出版。2016年初，在《国家海洋创新指数试评估报告2014》前期工作的基础上，经过多次研究讨论和交流沟通，总结归纳前两期的经验和不足之处，形成《国家海洋创新指数报告2015》的编制思路，编写《国家海洋创新指数报告2015》具体方案，汇报国家海洋局科学技术司。

进行数据收集。2015年，已与华中科技大学科技统计信息中心和教育部科技司进行充分沟通，持续推进涉海科研机构、高校、企业的数据收集工作。首先，2015年底，顺利获取海洋科研机构科技创新数据、《高等学校科技统计资料汇编》相关

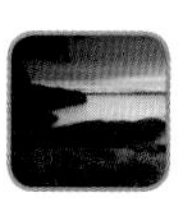

数据、涉海高等学校按照涉海学科（一级）提取的涉海科技创新数据。其次，与中国科学院兰州文献情报中心合作，收集海洋领域SCI论文和海洋专利等数据，已获取相关数据；最后，由海洋科研机构科技创新数据提取涉海企业创新数据。

组建报告编写组与指标测算组。2016年1月，在国家海洋局科技司和国家海洋创新指数试评估顾问组的指导下，在《国家海洋创新指数试评估报告2013》和《国家海洋创新指数试评估报告2014》原编写组基础上，组建《国家海洋创新指数试评估报告2015》编写组与指标测算组，具体由国家海洋局第一海洋研究所海洋政策研究中心会同中国科学院兰州文献情报中心、青岛海洋科学与技术国家实验室等人员组成。

（2）数据测算与报告编制阶段

数据处理与分析。2016年1—2月，对海洋科研机构科技创新数据及《中国统计年鉴》、《中国海洋统计年鉴》、《高等学校科技统计资料汇编》、涉海高等学校按照涉海学科（一级）提取的涉海科技创新数据等来源数据，进行数据处理与分析。

数据测算。2016年2月22日至3月31日，组织测算组测算海洋科技进步贡献率和海洋科技成果转化率，并根据相应的评估方法测算国家海洋创新指数和区域海洋创新指数。

报告文本初稿编写。2016年3月1日至5月15日，根据数据分析结果和指标测算结果，完成报告第一稿的编写。

数据第一轮复核。2016年5月10—30日，组织测算组进行数据第一轮复核，重点检查数据来源、数据处理过程与图表。

报告文本第二稿修改。2016年6月1—5日，根据数据复核结果和指标测算结果，修改报告初稿，形成征求意见文本第二稿。

数据第二轮复核。2016年6月5—15日，组织测算组进行数据第二轮复核，流程按照逆向复核的方式，根据文本内容依次检查图表、数据处理过程、数据来源。

小范围征求意见：2016年6月5—20日，进行小范围内部征求意见。

报告文本第三稿完善。2016年6月20—30日，根据数据第二轮复核结果和小范围征求意见情况，完善报告文本，形成征求意见第三稿。

（3）报告评审与修改完善阶段

管理部门初审。2016年6月5日至7月1日，交至国家海洋局科学技术司审查，并根据审查意见修改文本，重点是海洋经济创新发展区域示范专题分析一章，同时补充提供了相关数据。

内审及报告文本第四稿修改。2016年7月1—23日，中心组织进行内部审查，并根据内审意见修改文本。

计算过程复核。2016年7月1—20日，组织测算组进行计算过程的认真复核，重点检查计算过程的公式、参数和结果准确性，并根据复核结果进一步完善文本，结合各轮修改意见，形成征求意见第四稿。

管理部门二审。2016年7月25日至8月5日，交至国家海洋局科学技术司审查，并根据审查意见修改文本。

顾问组审查。2016年7月25日至8月5日，组织顾问组审查，并根据审查意见修改文本。

出版社预审。2016年7月25日至8月5日，提交文本纸质版给海洋出版社编辑部进行预审。

集中修改并形成正式文本。2016年8月1—10日。

5. 意见与建议吸收情况

已征求意见50多人次。经汇总，收到意见和建议约600多条。

根据反馈的意见和建议，共吸收意见和建议360多条。反馈意见和建议吸收率约为60%。

更新说明

1. 完善了指标体系

①指标体系的分指数部分增加了“海洋企业创新分指数”。

②新增“海洋企业创新分指数”中的指标：企业发明专利授权数占总发明专利授权数比重、企业R&D经费与主要海洋产业增加值的比例、万名企业R&D人员的发明专利授权数、海洋综合技术自主率、企业R&D人员占R&D人员总量比重。

③附录一增加了“海洋企业创新分指数”及其指标；附录二对新增的指标进行了解释说明。

④将指标体系中的“海洋创新投入分指数”改为“海洋创新资源分指数”、“海洋创新产出分指数”改为“海洋知识创造分指数”。

⑤将指标体系的分指数顺序调整为：海洋创新资源、海洋知识创造、海洋企业创新、海洋创新绩效和海洋创新环境，与《国家创新指数报告2014》的指标体系接轨。

2. 新增了部分章节和内容

①二、（一）增加了“科技活动人员年龄结构分布”内容。

②二新增了（二）海洋创新平台环境逐渐改变。首次对海洋创新国家平台发展趋势进行分析，同时对海洋科研机构的基本建设与固定资产进行分析。

③新增了七、我国企业海洋创新能力专题分析，首次对企业海洋创新的现状及发展形势进行分析。

④新增了八、我国城市海洋科技力量布局专题分析。

⑤新增了九、海洋国家实验室专题分析。

⑥新增了十、我国海洋经济创新发展区域示范专题分析。

3. 新增并更新了国内和国际数据

①新增教育部涉海高等学校按照涉海学科（一级）提取的涉海科技创新统计数据内容。用于对涉海高校和涉海学科进行分析。

②更新了国际涉海创新论文数据。原始数据更新至2014年，用于海洋创新产出成果部分的分析以及用于国内外海洋创新论文方面的比较分析。

③更新了国际涉海专利数据。原始数据更新至2014年，用于海洋创新产出成果部分的分析以及国内外海洋创新专利方面的比较分析。

④更新了国内数据。国家海洋创新评估指标所用原始数据更新至2014年，区域海洋创新指数评估指标更新为2014年数据。

4. 优化了数据处理过程

①升级海洋创新指数评估软件。结合海洋创新指标数据库升级、海洋创新指数构建变化，升级海洋创新指数评估软件，进一步简化指标处理和优化评估过程。

5. 完善了部分章节内容

①完善方法说明。针对海洋科技梯度，进一步完善了方法说明，详细介绍了数据处理方法和评估测算过程。

②完善第一部分内容。从更多角度用不同的数据分析国家海洋创新的发展和进步。